气候变化和人类活动
对白龙江流域径流的影响研究

牛最荣　著

中国水利水电出版社
www.waterpub.com.cn

·北京·

内 容 提 要

本书系统分析了白龙江流域气温、降水、蒸发、径流等水文气象因子的变化，以及人类活动的代表性因子——水电站开发建设对径流的影响。采用数理统计、趋势检验等方法，分析了流域水文气象要素的年际、年代、年内变化规律。采用数字模型分析方法建立了白云以上等四个干流区段，以及岷江等三个典型小流域的气候水文模型，量化分析了气候变化与人类活动对白龙江流域径流的影响程度。本书可以对认识并尽可能减少气候变化和人类活动对河流的影响，恢复和保护河流的正常功能和水生态环境起到一定的指导作用。

本书可供从事水文水资源、水利水电及相关领域教学、研究、管理和监测的教师、专业技术人员和学生阅读和参考。

图书在版编目（CIP）数据

气候变化和人类活动对白龙江流域径流的影响研究 /
牛最荣著. -- 北京：中国水利水电出版社，2018.12
ISBN 978-7-5170-7160-0

Ⅰ．①气… Ⅱ．①牛… Ⅲ．①气候变化－影响－河川
径流－研究－甘肃②人类活动影响－河川径流－研究－甘
肃 Ⅳ．①P344.242

中国版本图书馆CIP数据核字(2018)第272994号

书　　名	气候变化和人类活动对白龙江流域径流的影响研究 QIHOU BIANHUA HE RENLEI HUODONG DUI BAILONG JIANG LIUYU JINGLIU DE YINGXIANG YANJIU
作　　者	牛最荣　著
出版发行	中国水利水电出版社 （北京市海淀区玉渊潭南路1号D座　100038） 网址：www.waterpub.com.cn E-mail：sales@waterpub.com.cn 电话：(010) 68367658（营销中心）
经　　售	北京科水图书销售中心（零售） 电话：(010) 88383994、63202643、68545874 全国各地新华书店和相关出版物销售网点
排　　版	中国水利水电出版社微机排版中心
印　　刷	北京市合众伟业印刷有限公司
规　　格	184mm×260mm　16开本　9.25印张　152千字
版　　次	2018年12月第1版　2018年12月第1次印刷
印　　数	0001—1000册
定　　价	**36.00元**

　　径流是降水降落到地表后在地表各种因素综合作用下形成的水流。随着人口数量的增长和生活水平的提高以及经济社会的发展，水资源的有限性和人类对其需求的无限增长之间的矛盾日益加剧，水资源问题成了很多地区、很多行业发展的制约性因素。20 世纪 70 年代以来，我国对水资源的时空分布规律及其供需平衡研究的重视程度逐渐提高。近几十年来，全球气候变暖和人类活动对河川径流也造成了一定的影响。就径流而言，这些影响有正面的、也有负面的。这些活动总体上改变了径流形成的下垫面条件，有的活动改变了径流形成的空间机理、对径流形成过程造成改变；有的活动改变了原有的产流条件、对径流量造成改变；有的活动增加或减少了当地的径流量，有的活动可以增加或减少下游的径流量，还有的活动可能以上几种情况兼而有之，等等。这些活动直接改变的是径流和水生态，也间接影响生态环境发生改变。人们关注生态就不能不关注径流，关注水资源就不能不关注径流，径流量的改变是引起生态变化的重要原因，径流量的减少是水资源量减少的直接原因。在当前情况下，气候因素与人类活动两大因素交织叠加，共同对河川径流产生作用，引起了径流资料系列的改变。所以，为了加强生态环境保护、解决水资源共需矛盾，研究气候变化和人类活动背景下的径流变化问题显得十分紧迫。

　　白龙江流域位于青藏高原到四川盆地的过渡地带，也是南北方气候过渡带。该流域有干旱半干旱地区，也有湿润半湿润地区；有人类活动明显对河川径流产生较大影响的地区，也有人类活动对河川径流影响不大的地区。因此，选择这一地区研究气候变化和人类活动对径流的影响具有良好的代表性。研究任务于 2015 年年底提出，撰写研究提纲，2016 年开始收集资料，整个研究与编写工作主要在 2016 年下半年至 2017 年完成，2018 年对书稿进行修改完善。全书由甘肃农业大学牛最荣撰写，甘肃省水文水资源局教授级高工陈学林在提纲拟订、资料分析、修改完善等方面做了大量工作，甘肃省水利厅高级工程师李育鸿、甘肃省水文水资源局高级工程师王毓森、高级工程师张德栋、工程师吴彦昭参加了相关研究工作，教授级高工黄维东、教授级高工赵清、高级工程师李忠泰、高级工程师郭西峰、高级工程师陈凯、工程师段建忠、王巧娟、王钰峰、马春梅、聂文晶等参加了资料收集、图表绘制等工作；甘肃农业大学齐广平教授、贾生海教授、张芮教授和武雪同学，在编辑出版过程中给予了大力支持与帮助，在此一并表示衷心的感谢！

流域内人类活动的形式和特点很多样也很复杂，引起气候变化的原因更为复杂多样。由于受条件限制，本书只选择最主要的也是最具有代表性的气候因子和人类活动因子进行了分析研究。尽管我们在气候变化和人类活动对径流的影响方面从事长期的观测和研究，但是因这一科学问题涉及面广、不确定性多、综合性强，有不少科学和实践问题还在探索之中，另外限于作者水平，本书难免存在不足和疏漏之处，敬请读者朋友不吝指正。

作者

2018 年 6 月

CONTENTS 目 录

第1章 概 论

1.1 研究目的和意义

径流变化是气候变化与人类活动多因素综合作用的结果。认识和研究气候变化、水文过程以及人类活动对径流的影响是今后重要的科学课题。探索全球变化背景下的水变化，着重关注气候变化对水文过程的影响，着重关注下垫面条件改变等人类活动对水循环规律的影响，把水问题纳入全球变化的整体自然科学框架下开展深入探索和研究，是水文水资源工作者义不容辞的职责。选择典型流域，研究气候变化、人类活动对水文过程的影响，揭示水循环在全球变化中的作用，对于推动人类保护自然、超越自然的进程，具有十分重要的现实意义和深远的历史意义。

白龙江是长江二级支流，嘉陵江一级支流，流经甘肃省甘南藏族自治州和陇南市，是甘肃省水资源相对丰富的区域之一。2014 年，白龙江引水工程被列入国家确定的 172 项重大水利工程项目之一，是继引洮供水工程之后甘肃省提出的又一项对全省经济社会发展具有重要支撑作用的重大战略工程。工程规划自长江流域甘南藏族自治州迭部县境内的白龙江干流上取水，通过自流引水向黄河流域的天水、平凉和庆阳等地区输水。实施该工程不仅可促进甘肃省长江、黄河与内陆河三大流域水系连通，实现甘肃省水资源统一调配和供需平衡，解决制约甘肃省庆阳平凉革命老区、陇南贫困地区以及天水市发展用水瓶颈问题，同时也是甘肃省建设生态文明、推进脱贫攻坚、实现维护发展广大人民根本利益的扶贫工程、民心工程。

不同区域气候变化产生的结果并不相同，气候各要素的变化也不尽相同，对于生态环境以及经济社会的影响差别也很大。研究白龙江流域特别是典型区域的气候变化，对于揭示长江上游区域的气候与全球气温升高的关系，揭示河川径流对气候变化的响应程度，结合气候变化与流域内梯级水电站开发的相互作用，研究区域气候变化、人类活动、径流三者之间的关系，深入探索内在的规律性变化具有重要的意义。同时，鉴于白龙江干流径流量持续减少的态势，开展对白龙江流域内气候变化、流域内人类活动尤其梯级水电站开发对径流的影响研究具有重要意义。

1.2 国内外研究进展

1.2.1 气候变化对水文过程影响的相关研究

2008 年 4 月 8 日，政府间气候变化委员会在布达佩斯正式通过气候变化和水（Climate Change and Water）的技术报告。该报告由来自 20 个国家的 27 名主要作者和 9 名主要贡献作者共同撰写完成，建立在 2007 年出版的 IPCC 3 个工作组第四次评估报告的基础上，吸纳 2007 年发表的最新研究成果。该报告基于系统、可靠的观测以及运用包括模式和模型等多种技术手段进行计算与深入分析，重点评估目前和未来与水有关的气候变化影响，包括重点部门和区域差异、减缓气候变化和水问题、政策和维持发展的潜在联系、认识的差距以及对未来研究的建议。从这个报告和其他一系列的研究可以看出，气候变化对水文过程的降水分布、局地暴雨、河川径流、冰川冻土、土壤含水量、地下水位、陆面蒸发等多个方面都产生了深刻的影响，并且在不同的区域有着全然不同的结果。

1.2.1.1 降水量

从全球的宏观范围来看，降水有空间的和年际的变化，20 世纪降水在北半球高纬度大部分陆地区域增加，而在 $10°S \sim 30°N$ 自 20 世纪 70 年代以来降水减少。有些地区 1900—2005 年的降水存在长期趋势，在北美和南美东部、欧洲北部、亚洲北部和中部，降水量显著增加；在萨赫勒、地中海、非洲南部、亚洲南部部分地区降水量减少。亚洲一些地区在年降水增加的背景下降雨强度增加，干旱的日数增加。

从局部区域来看，我国西北地区夏季降水自 20 世纪 80 年代以来，除沙漠盆地外，均呈较明显的增加趋势。由于初夏青藏高原地面加热场异常偏强，使 6 月西北大部地区降水偏多，7—8 月黄河上游、渭水流域降水偏多，西北地区的西部、北部少雨。从 1998 年开始，河西走廊的祁连山脉西侧降水有明显增加的趋势。我国西南区域强降水事件增加，21 世纪以来发生了两次大范围的冰冻雨雪天气，是 20 世纪后半叶没有发生过的；

东南地区降水偏少事件也频频发生；西部一些草地类型消失，夏季更为干旱，增加了作物灌溉压力。北欧冬季降水增加，地中海地区降水减少。

可能强降水事件的发生频率在大部分陆地区域已经增加，这可能与大气中的水汽增加有关，并且与观测到的全球变暖是一致的。1961—2003 年，全球海平面上升的平均速率为 1.8mm/a，1993—2003 年，该平均速率增加，约为 3.1mm/a。全球海水的增暖引起海水膨胀，造成海平面上升，当然也与冰川和冰盖的大范围减少使海平面上升有关。

1.2.1.2　河川径流

河川径流随着气候的变化而变化，其与降水的关系最为密切。气候变化引起河川径流变化的因素除了降水外，气温变化也是重要因素。研究表明，北半球雪盖和山地冰川更多地融化，致使其水储藏量明显减少。在许多由冰川和积雪供水的河流中，径流量和早春最大溢流量增加。山区的人居环境遭受因冰川融化所致的冰湖溃决洪水的风险加大。在多年冻土区，土地的不稳定状态增大，山区出现岩崩。总体上来说，冰冻圈的变化是对气候变暖、冰雪物质减少的响应。

山地冰川和冰帽等融化加强，融化季节延长，导致江河径流和流量峰值增加。随着几个陡峭山脉（包括喜马拉雅山脉、安第斯山脉和阿尔卑斯山脉）的冰川从突出的小冰期冰碛退缩而形成冰川湖，这些湖泊很有可能引起冰川湖洪水的暴发，因为埋藏冰的解冻威胁着小冰期冰碛的稳定。由于积雪范围在时空上均有减少，过去 65 年间北美洲和欧亚大陆北部地区春季江河流量高峰发生时间提前了 1～2 周。高可信度证据表明，许多地区的湖泊和河流变暖，对其热力结构和水质产生影响，藻类和浮游生物增加。

南北半球的多年冻土减少，山地冰川和积雪总体都已退缩。自 1900 年以来，北半球冬季冻土的最大面积减少了约 7%，春季减少高达 15%。观测证据表明，20 世纪 70 年代以来，一些海洋上强热带气旋活动增加。河川径流减少、极端缺水年份增多的地区有非洲北部，地中海地区，中东，近东南亚，中国北部，澳大利亚、美国、墨西哥三国的部分地区，巴西东北部，以及南美西海岸。这与降水减少、干旱增加、冰川收缩、水污染等有密切联系。

拉丁美洲地区在过去 30 年受到了与气候相关的影响，一些与恩索（ENSO，厄尔尼诺与南方涛动的合称）事件相联系，如极端气候造成洪涝、干旱、滑坡等，可用水资源紧张，降水在南部增加明显，海平面平均每年上升2～3mm，热带地区的高山冰川减少等。在亚洲一些地区年降水增加的背景下降雨强度增加，干旱的日数增加，冰川快速退缩，冻土融化。过去几十年许多地方水稻、玉米和小麦减产，草场退化。预计气候变化将使河流系统的流量在季节上和总量上都减少，致使海水入侵。

1.2.1.3 蒸发量

从理论上讲，降水增多是蒸发量增加的响应。全球气温升高可能增加了海面的水汽蒸发，当然也增大了陆面蒸发和冰雪蒸发的动量。目前还看不到专项的研究报告证明全球气温升高对蒸发影响的具体成果。从北方干旱半干旱地区的监测数据来看，气温与蒸发有着较好的相关关系，这主要是因为降水日数减少、气温升高必然引起蒸发的增加。

蒸发能力增强迫使一些干旱、半干旱和半湿润地区，如澳大利亚、美国西部和加拿大南部以及萨赫勒地区更多地发生了历时多年、更大的干旱。20世纪50年代中期以来，欧亚大陆大部、非洲北部、加拿大和阿拉斯加干旱明显。20世纪70年代以来全球很干旱（干旱指数PDSI小于－3.0）的陆地区域从占全球的12％增加到30％。干旱已变得更为常见，尤其是在热带和副热带，观测到强度更强、持续时间更长的干旱。一些地区温度增加、降水减少，干旱化更为严重。

20世纪后期，我国北方干旱有逐渐加重的趋势，缺水矛盾日益突出，干旱范围逐步扩大，持续时间也由单年、单季、单月向连年、连季、连月增长，农作物受灾面积和粮食产量损失加大。华北地区发生干旱的频次与范围加大。华东地区最严重的干旱年份大都与梅雨期特别短、梅雨量特别少有关，导致高温干旱加重。西北地区自小冰期的19世纪至20世纪80年代中后期，气候期上处于向暖干化发展的趋势。

1.2.2 水电梯级开发对水文效应研究进展

水电开发主要是对河流形态环境条件的改变，环境条件改变引起的水文变化最初只具定性概念。1863年，G.P.马什发表的《人与自然》一书，记述了森林对水文变化的影响。国际水文十年（IHD，1965—1974年）期间，将人类活动对水循环影响和代表性、实验性流域研究列为主要研究任务之一。1975年，联合国教科文组织（UNESCO）在国际水文计划（IHP）

中制定了一系列研究课题和活动，并于 1980 年 6 月在赫尔辛基举行了人类活动对水情影响与代表性、实验性流域学术会议。1991 年，美国水文科学国家委员会提出水文科学研究的五大问题中最受关注的是人类活动对水文效应的影响。在国际水文计划Ⅲ（1984—1989 年）和Ⅳ（1990—1994 年）期间，水文效应的研究与水利工程环境影响评价结合得更紧密，水文形势的改变对于生态环境的影响是大坝建设对生态环境的重要影响，任何地区水资源系统的合理开发、利用规划和管理，水文效应均是很重要的问题。与国际水文计划交叉的计划环境、生命和政策水文学（HELP）计划、国际实验和网络数据水流情势（FRIEND）计划以及与国际水文计划有联系的相关计划国际洪水行动计划（IFI）、国际泥沙行动计划（ISI）在水资源系统研究中，人类活动对水文情势的影响已成为主要的研究课题。目前，基于流域水文模型分析人类活动对流域水资源和洪水的影响是近代水文学发展的一个重要成就，随着分布式流域水文模型的不断成熟和普遍使用，这种分析研究人类活动对水资源和洪水影响的方法，将会越来越受到重视。

　　河流不仅具有供水发电、航运等经济功能，而且具有调节气候、改善生态环境等生态功能，对人类生存和发展意义重大。目前研究最多的是人类活动对河流健康的影响问题，维持河流健康生命的理念行动，在我国水利界得到了广泛的响应和认同，并引入水资源管理的实践。黄河水利委员会提出了"维持黄河健康生命"的目标，长江水利委员会提出了"维持健康长江，促进人水和谐"的治江新方略等，美国、澳大利亚、英国、南非等国家从 20 世纪 90 年代起已经展开了相关研究，并提出了对应的管理计划，对河流健康进行监测和评价。开发水电实际上相当于直接从水流中提取能量，过多开发利用水电必将导致其下游水流的动能降低，对冲积性河床来说，可能使水流冲刷河床和输送泥沙的能力降低，进而导致泥沙淤积、河床萎缩。水电站建设通过闸坝调度对河流实行径流调节，造成水文过程的均一化，也会降低洪水脉冲效应。维持河流健康生命的理念已经对中国江河治理的健康发展起到积极的促进作用，而且已在"十一五"水利发展规划中得到全面体现。2006 年我国启动了财政部专项项目"全球江河泥沙信息管理数据库"，由中国水利水电科学研究院、长江科学院、黄河水利科学研究院、清华大学及武汉大学等多家科研单位和大专院校组成专项课题组，开展国家自然科学基金重大项目课题"长江水沙变化趋势与水利工程建设对河流健康的影响""黄河水沙变化趋势与水利工程建设对黄河健康生命的影响""国外典型河流水沙变化趋势的研究""国外典型水利工程建设对河流健康影响的研究"等的研究,主要目标是通过研究全球水沙变化趋势与水利工程对河流的影响,促进世界水文学科研究的发展,更好地处理人类活动与自然的和谐相处,为合理开发水能资源和保护生态环境提供技术支撑。

1.3 拟解决的关键科学问题

气候变化研究的核心是气温、降水、辐射的趋势性变化及其引起的生态、水文和极端事件等问题。气候变化对水文过程的影响重点是针对降水分布、局地暴雨、河川径流、冰川冻土、土壤含水量、地下水位、陆面蒸发等方面的分析,其中气候变化对河川径流影响的研究是重点也是最复杂的内容。从目前的研究成果和技术方法来看,首先是气候变化直接产生了降水的剧烈波动或持续性变化,由此引起了径流的响应,这种响应在流域水文模型的研究中比较成熟也能够比较准确地模拟;但是,仍然不能解决气候变化的程度差异问题、气候条件不变情况下的差异问题,以及这种差异引起的径流变化的成分和不同气候因子的作用;也没有解决气候变化引起的降雨径流关系变化中哪些是正常的降水变化引起的波动,哪些是气候变化引起的不可逆转的趋势性流域变化。其次,是研究中仍然很少涉及气温变化在降雨径流关系中的作用,更没有看到辐射或辐射能对土壤湿度以及流域蒸发能力的影响和作用程度。

近年来,关于人类活动对径流影响的研究越来越多,主要表现在区域水资源开发利用、土地利用/覆被变化、梯级水电站开发对径流的影响几个方面,研究重点仍然是径流组分的变化、空间分布的变化、频率分布的变化以及极端事件的变化,对此分布式水文模型和 TOPMODLE 模型都已经给出了较好的模拟研究方法。

白龙江流域地处长江流域上游,大陆腹地,属于内陆性气候。受复杂的地形地貌影响,流域内气候差异较大。根据农业气候区划,流域内有北亚热带、暖温带、温带、寒温带及少数高山寒带区等;自然环境复杂,生态条件多样,自然资源丰富;同时存在着两种迥然不同的产流机理,即蓄满产流和超渗产流。流域下垫面条件变化引起部分区域的产流方式的变化,这就使得分布式模型在应用性能上出现较大的误差甚至是错误。因此,研究人类活动如何引起局部区域产流机理变化、径流如何变化及其变化幅度成为重要问题，在白龙江流域相对水资源开发利用程度不高、土地资源有限、水能资源比较丰富，梯级水电站开发对径流的影响显得尤为突出。

气候变化和梯级水电站开发对径流同时产生影响，这就形成了更加复杂的问题。综合分析，主要存在四个方面的可能性：

一是由于气候变化引起气温升高、降水偏少、蒸发增大现象。

二是由于气候变化引起气温升高、降水偏多、蒸发减小现象。

三是由于梯级水电站的开发对河流水位、径流形成的影响。

四是由于气候变化和梯级水电站开发共同影响而引起气温升高、径流减少。

从这四个方面来看，气温升高是普遍一致的气候变化特征，梯级水电站开发是白龙江流域人类社会活动的主要特征。如何甄别气候变化和梯级水电站开发的作用及其影响程度，如何将降水变化、气温变化、梯级水电站开发对径流的影响分离出来是需要解决的难题，并且将产流机理区分开并采用不同的模型分析计算是重要的技术方法。

综合上述几方面的问题，本书选取白龙江干流舟曲以上区间、舟曲—武都区间、武都—碧口区间、上游的岷江宕昌水文站以上小流域、中游拱坝河黄鹿坝水文站以上小流域、下游白水江文县水文站以上小流域作为重点对象，进行气候变化和梯级水电站开发对径流影响的分析研究，努力解决以下几个关键的科学问题：

（1）白龙江流域气温、降水和蒸发变化趋势及其特征。

（2）白龙江干流及其主要支流径流变化趋势及其特征。

（3）白龙江流域气候变化对径流的影响，建立数学模型模拟径流过程。

（4）白龙江干流区间梯级水电站开发对径流的影响。

（5）建立数学模型分析气候变化和人类活动对白龙江流域径流的影响。

第2章 研究区概况

2.1 流域概况

白龙江发源于川、甘、青交界处西倾山东侧郭尔莽梁北麓的甘肃省碌曲县郎木寺附近，曲折东南流经四川省若尔盖县、甘肃省迭部县、舟曲县、武都区，复进入四川省，经青川、昭化汇入嘉陵江。白龙江流域地处甘肃省东南部，东经 $102°30' \sim 105°40'$，北纬 $32°20' \sim 34°10'$，呈西北—东南走向的狭长梭形，东北部和西北部隔着西秦岭，分别与西汉水流域和洮河流域接壤，西部以岷山为界，连接四川省岷江流域，南部则以摩天岭和四川涪江流域为邻，流域面积 $32850km^2$，跨甘肃省迭部、舟曲、武都、文县和四川省九寨沟、青川、昭化，在甘肃省境内面积为 $27391km^2$，占流域总面积的 83%。白龙江干流全长 576km，其中甘肃省境内 475km，占 82.5%；河源高程 4072m，河口高程 465m，落差达 3607m。

按河道性状和流域特点，白龙江划分为上、中、下游三段：①上游段从发源地至舟曲县城，河长 228km，属高原峡谷段，区间有达拉沟、多儿沟、腊子沟等支流汇入，平均河宽 100m，平均比降 11‰，植被覆盖好，蒸发量小，河道穿行峡谷，为侵蚀下切河槽；②中游段从舟曲县城至嵩子店，河长 157km，纵坡较大，支沟众多，泥石流发育，河道流向受山体走向影响，侧蚀力强，流速降低，固体径流沉积造成淤积段，区间有岷江、拱坝河、洋汤河汇入，平均河宽 $250 \sim 300m$，平均比降 3.1‰；③下游段嵩子店至交汇河口段，河长 150km，区间有白水江及其他支流汇入，平均河宽 300m，平均比降 2‰，该段植被较好，气候温热，降雨充沛。

白龙江流域地处青藏高原和四川盆地的过渡区。迭部以上水量很小，迭部至两河口属高山峡谷区，河流比降大，水流湍急，两岸森林茂密，有优良的水电站地址。两河口至武都段河谷开阔，水流平缓，两岸耕地多，植被差，泥石流多发，是白龙江泥沙的主要来源地带。武都以下至临江，是比较开阔的峡谷区。临江以下到碧口，又转入高山峡谷区，地形险峻，山势雄伟，植被良好。碧口以下川谷相间，水流平稳。白龙江流域研究区域水系分布见图 2.1。

图 2.1 白龙江流域研究区域水系示意图

2.2 地形地貌

白龙江流域流经的大地构造部位主要隶属于秦岭东西构造带及龙门山北东向构造带，近期构造活动显著。区内地势西高东低，两岸山岭海拔为 4000～1100m，相对高差多在 1000m 以上，呈现出山高谷深、峰锐坡陡之景观。峡谷峭壁中，瀑布、急流、栈道遗址多处可见。由于水流的急剧下切，河谷断面多呈 V 形，宽谷、峡谷相间出现，峡谷一般为优良的水力枢纽坝址，宽谷是较好的天然库盆，河床覆盖层深厚，沿河阶地断续发育，两岸物理地质现象显著。流域地层除前古生界外，从古生界至新生界均有分布。由于地处构造单元不同，各时代地层的空间分布与发育特征也有差异，主要有南秦岭、摩天岭和龙门山分区地层，主要岩性分别有各类千枚岩、板岩、砂岩、灰岩、粉砂岩、页岩、石英闪长岩、黑云母花岗岩、砂砾岩等。流域区域构造分布有三个不同类型的构造体系，从上游至下游分别为武都山字形构造、摩天岭东西向构造带及龙门山北东向构造带。武都"山"字形构造是在秦岭东西构造带的基础上发育起来的，其白龙江中上游河段位于武都山字形构造的西翼，主要构造形态有白龙江复背斜，白龙江断裂带和益哇-舟曲断裂带；摩天岭东西向构造带由摩天岭复背斜、文县复背斜及石坊-临江-岸门口断裂带和青川断裂带组成；龙门山北东向构造带由隆起和坳陷、单式和复式褶皱、压性或扭性断裂以及与其垂直的张性断裂和斜交的扭性断裂组成，白龙江下游河段处于此构造带的北段，展布主要是林庵寺-茶坝断裂带及大茅山倾伏背斜。各构造体系特别是他们之间的分界断裂带，均具有长期活动的特点。

白龙江由于新构造运动的强烈隆起与河流的急剧下切形成了山高谷深、峰锐坡陡的景观。加之构造成因和区域地层特性，以及气候条件等因素的影响，两岸滑坡、泥石流、倾倒体等物理地质现象十分发育，阻塞河道、切断交通、淹埋村镇、毁坏农田的情况时有发生，且规模之大、暴发次数之多、危害程度之严重，在我国均属罕见。白龙江的滑坡主要分布在中游舟曲至外纳区间的沿江两岸，有100多处，其形态特征和活动特性在滑坡类型中较为独特，属推移式和牵引式。其滑动速度较快，但又不是急冲性滑坡。如1983年夏，舟曲县立节乡右岸北山发生滑坡，迫使立节乡政府搬迁；锁儿头、泄溜坡大滑坡（即舟曲大滑坡），曾多次发生堵江，1963年和1981年的滑动分别形成了高17m和22m的堰塞石坝，1991年舟曲县城下游12km的左岸南峪乡滑坡壅高水位20m，造成严重危害。与此同时，白龙江流域泥石流较普遍，主要分布在中游舟曲至临江段。在长约150km的沿江两岸，有泥石流沟上千条，大小沟道无不暴发泥石流，这也是白龙江固体径流的主要来源。倾倒体主要分布在白龙江中下游河段，其厚度一般为10～20m，最大的可达40m以上。

2.3 气象条件

白龙江流域地形变幅较大，气候因素因为地理位置和地势高程的变化，在上下游存在显著差异，自上游到下游，依次由高寒阴湿气候区，经过温带半湿润区，过渡到亚热带湿润气候区。上游以迭部气象站为代表，年平均气温约 7℃，最高气温 35.5℃，最低气温－19.9℃，年平均降水量595.6mm；中游以蒿子店气象站为代表，年平均气温约 15.4℃，最高气温38.3℃，最低气温－6.8℃，年平均降水量 457.6mm；下游以三磊坝气象站为代表，年平均气温约 17℃，最高气温 38.9℃，最低气温－8.2℃，年平均降水量 1000mm。

从河谷到高山，气候呈明显的垂直变化趋势，高山寒冷多雨，河谷温暖少雨，冷暖空气交换剧烈，干旱、霜冻、冰雹和暴雨灾害频繁，对农业生产构成巨大威胁。受暖湿气流形成及高山阻隔之影响，流域内东部的宕昌县、舟曲一带是本区暴雨的重点地区，每年均有程度不同的数次暴雨发生，对本区的农业生产构成严重威胁。

2.4 河流水系

白龙江流域处于青藏高原与川西北高原交错地带，干流发源于甘肃省碌曲县郎木乡，于四川广元市昭化区汇入嘉陵江。流域内高山起伏，水系不对称，支流大多分布在右岸，干流河道平均坡降约为 4.8‰，最陡处接近 30‰。白龙江水系发育，支流众多，共有一级支流 49 条，其中甘肃省境内一级支流 34 条（左岸 16 条，右岸 18 条）。自上而下较大支流有达拉沟、安子沟、尖尼沟、多儿沟、腊子沟、岷江、拱坝河、角弓沟、北峪河、洋汤河、五库河、白水江、小团鱼河、大团鱼河、让水河、青川河、清江河等。白龙江流域主要支流特性见表 2.1。

表 2.1　　　　　　　　白龙江流域主要支流特性表

河名	站名	河长/km	流域面积/km²	多年平均年径流量/亿 m³	河道比降/‰
岷江	宕昌	104	1449	3.187	11.3
北峪河	马街	40.7	278	0.1487	18.0
拱坝河	黄鹿坝	35.6	1247	5.055	14.6
白水江	文县	67.5	7303	25.75	10.1
让水河	草坝	82.5	702	6.32	12.7

2.5 水文特征

2.5.1 暴雨

白龙江流域每至汛期暴雨频繁,强度大,范围广,从 5 月至 10 月底都有暴雨发生,集中发生在 5—8 月,7 月暴雨最多,强度最大。武都站实测最大暴雨 41.0mm/h,最大暴雨量 74.8mm;碧口站实测最大暴雨 62.4mm/h,最大暴雨量 242mm。暴雨形成洪水,最大洪峰流量多出现在 7—9 月,武都站实测最大洪峰流量 1920m³/s(1984 年 8 月 3 日),碧口站实测最大洪峰流量 3240m³/s。10 月以后降雨量较小,洪水频次也少,武都站实测最枯流量 37.2m³/s,碧口站实测最枯流量 80.2m³/s。

白龙江流域暴雨洪水的突出特点是:在暴雨引发洪水的同时也会引发泥石流。2010 年 8 月 8 日,舟曲县境内发生千年一遇的暴雨,致使县城附近三眼峪、罗家峪沟道的山洪泥石流倾泻围堵白龙江干流形成堰塞湖,舟曲县城近 2/3 被淹,造成大量人员伤亡,舟曲特大山洪泥石流是中华人民共和国成立以来最为严重的一次泥石流灾害。武都城区坐落于白龙江与北峪河交汇口的三角地带,受洪水威胁极大,从古到今,武都城区多次遭受洪水、泥石流的侵袭。中华人民共和国成立以来,城区发生洪水、泥石流灾害达 40 余次,平均每年发生 0.8 次,其中造成重大人身伤亡和经济财产损失的有三次,分别发生在 1971 年、1980 年、1984 年,部分城区曾被淹没、掩埋。

2.5.2 径流

白龙江流域河川径流绝大部分由天然降雨补给,有少量融雪径流,干流全年长流水,冬季不结冰,区域内径流补给一致。年径流模数从上游向下游递增,越向下游水量越丰,多年平均流量 389m³/s,年径流量 122.68亿 m³。在甘肃境内碧口水库断面,河长 465km,流域面积 26000km²,多年平均流量 272m³/s,年径流量 85.82 亿 m³。在武都站,控制河长 329km,流域面积 14288km²,多年平均流量 132.5m³/s,年径流量 41.79 亿 m³。白龙江径流基本靠降水补给,年径流和洪水模数均从上游向下游递增,水量丰沛,径流年际变化比较稳定。洪水由暴雨形成,暴雨中心出现在碧口以下,洪水暴涨暴落,多发生在 7—9 月。

2.5.3 洪水

白龙江流域洪水主要由暴雨形成，主汛期为 6—9 月，年最大洪峰流量大部分出现在 7—8 月。每年汛期，强盛的西南暖湿气流为本区带来充足的水汽，暴雨频繁，往往整个雨区与川北暴雨连成一片。上、中游地区地势较高，又有高山阻隔，暴雨的强度和频数远低于下游地区。洪水在地区上的分布与降雨分布相一致，主要集中在武都、鹄衣坝以下地区，特别是集中在碧口—三磊坝区间。据武都站水文资料分析，一场洪水过程以单峰为主，历时 3～5 天，主峰历时 1 天左右，峰型尖瘦。武都站实测最大洪峰流量 1920m³/s（1984 年 8 月 3 日）。根据碧口站的资料分析，每年汛期多有两三次洪水过程，洪峰流量变差系数 C_v 值较小，为 0.4～0.6。

2.5.4 泥沙

白龙江流域内进行泥沙测验的主要水文站有根古、立节（香椿沟站）、武都、蒿子店、碧口和三磊坝水文站。据有关资料，根古、立节（香椿沟站）、武都站、碧口、三磊坝的多年平均年输沙量分别为 50 万 t、159 万 t、1725 万 t、2240 万 t、2370 万 t，多年平均含沙量分别为 0.64kg/m³、0.61kg/m³、3.85kg/m³、2.56kg/m³、2.26kg/m³。武都、碧口、三磊坝站实测最大含沙量分别为 918kg/m³、227kg/m³、169kg/m³，多年平均悬移质中值粒径分别为 0.028mm、0.035mm、0.044mm。白龙江流域无推移质泥沙测验资料。据碧口水电站设计分析计算及水槽试验结果，白龙江干流多年平均推移质输沙量为 20.0 万 t，白水江多年平均推移质输沙量为 14.4 万 t。

2.6 水能资源及开发利用

白龙江干流水力蕴藏量丰富，主河道总落差 2783m，理论蕴藏量 366.56 万 kW，其中甘肃省内河道落差 2671m，理论蕴藏量 165 万 kW。整个白龙江流域甘肃省境内水能资源理论蕴藏量 366.56 万 kW，可开发量 238 万 kW，水力资源丰富。目前，甘肃省境内白龙江流域已建水电站 204 座，总装机容量 1105 万 kW。

2.7 典型小流域

2.7.1 岷江

岷江是白龙江上游左岸最大支流,发源于南北秦岭的分水岭,由北向南流经宕昌县阿坞、哈达铺、何家堡、城关、新城子、临江、官亭、两河口等十个乡镇,于两河口注入白龙江,全长 97km,流域面积 1978km²,天然落差 1243m,多年平均流量 16.7m³/s,年径流量 5.27 亿 m³。

岷江流域位于陇南地区的西北部,其南部属温带湿润气候,北部属温带半湿润气候。流域地势西北高,东南低,地处夏季风的迎风面上,受地形影响,降雨量以东南两侧多,年雨量达 700～800mm,且随海拔增加而增加。

根据自然地理情况,岷江大致可分为三个区域:河源至脚力铺为较开阔的山间盆地,Ⅱ、Ⅲ级阶地发育,上部黄土状土,土层较厚,下伏第三系红色岩系,耕地较多,水土流失严重;脚力铺—通北口为石质高山区,盆地、峡谷相间,河床较陡,流速较大,两岸冲刷严重,推移质多,宕昌县城及谢家坝一带河谷开阔;通北口—两河口为深切峡谷区,两岸陡峭,阶地少而窄狭,特别是秦峪乡以下,因受多条区域大断裂影响,岩石风化严重,加之地震、地下水等因素的影响,滑坡发育,且体积巨大,沟口泥石流极为严重。

流域内水力资源理论蕴藏量 10.4 万 kW,可开发装机容量 6.44 万 kW。

岷江上游又称秋末河,自脚力铺纳入理川河,曲折流至高桥与南河相汇后进入中游。中游是全县人口最集中、汇入河流最多的区域,先后有缸沟河、官鹅河、红河、贾河、大河坝河、车拉河等汇入。中游河床较宽,两岸山势渐陡,谷地宽 300～600m,经邓桥纳入官亭河后进入下游,继续向东南流,纳入秦峪河,在两河口与舟曲县交界处汇入白龙江。

岷江小流域气象水文观测站网和梯级水电站分布见图 2.2。

2.7.2 拱坝河

拱坝河是白龙江右岸支流,发源于岷山山系甘肃省舟曲县境内羊不梁、青山梁和大草坡一带,自西北向东南流经舟曲县的茶岗、拱坝、大年和武都县的槐树坝、黄鹿坝等地后,于两水汇入白龙江,全长 92km,发源地海

图 2.2 岷江小流域气象水文观测站网和梯级水电站分布图

拔 4145m，河口高程 1059m，落差达 3086m，河道可利用落差 2261m，多年平均流量 12.7m³/s，年径流量 4.0 亿 m³，理论水利蕴藏量 15.7 万 kW。

拱坝河流域呈西北东南向的长条形，位于东经 104°00′～104°49′、北纬 33°14′～33°46′之间，面积 1281km²，四周与白龙江干流流域、白水江流域及其支流中路河流域相接。

拱坝河是一条不对称的山区河流，右岸支流较多。流域地貌为剥蚀高山，相对高差在 400m 以上，阶地不发育，除沙滩林场、角儿桥附近为两个山间盆地外，其余多是峡谷，尤以茶岗沟口至阳庄坝一段为深切峡谷区，鬼门关处一线天仅 3m 宽。拱坝河流域气候属副热带气候区，因地势高耸，垂直变化明显。河谷地带多年平均气温 13℃，极端最高气温 35.2℃，最低 −10.2℃，最大冻土深 25cm，平均日照 1831h，无霜期 250d，多年平均降雨量 435.8mm，蒸发量 1972.5mm。因为植被较好，河流含沙量不大，最大为 3.53kg/m³，年输沙量 37 万 t。拱坝河主要在舟曲县境内，具有丰富的水能资源，总装机达 10 万 kW。拱坝河小流域气象水文观测站网和梯级水电站分布情况见图 2.3。

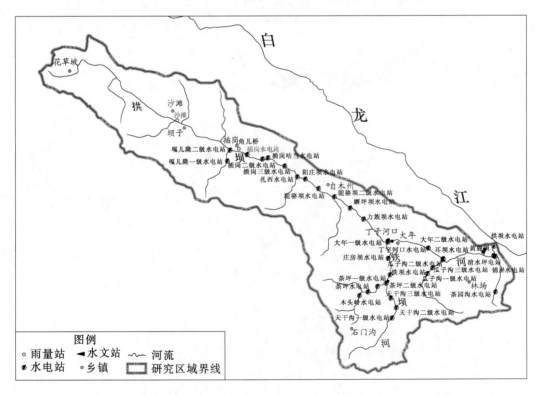

图 2.3　拱坝河小流域气象水文观测站网和梯级水电站分布图

2.7.3 白水江

白水江流域地处甘肃省南部,位于东经 103°27′～105°08′、北纬 32°43′～33°43′之间,流域西北、北部、东部和东南部均与白龙江干、支流流域相接,西部与岷江源头接界,西南和涪江流域接壤,南部与平武县夺补河流域相连。流域面积 8316km²,地跨四川省九寨沟县和甘肃省文县,于文县玉垒乡关头坝汇入白龙江。

白水江发源于甘肃、四川两省交界的岷山山脉南段的弓杆岭,由西源白河与北源黑河汇流而成。著名的九寨沟是白河的一条支流。黑河、白河二水于黑水塘汇合后东南流,经四川九寨沟南坪镇、甘肃文县,于文县玉垒乡注入白龙江。河流全长 296km,其中四川境内 189km,甘肃境内 107km,天然落差 2958m。按河谷地形及河道特性划分为上、中、下游三段。白河、黑河汇合口黑河塘以上为上游,流域内两岸边坡陡峭,山岭重叠,森林茂密,降雨较匀沛,河床宽度 25～70m,区间集雨面积 3947km²。白水江干流自黑河塘至文县尚德镇横丹为中游,流程 116km,落差 790m,平均比降 6.81‰,集雨面积 4097km²;沿江两岸支流较多,较大的左岸有中路河、马连河,右岸有汤珠河(双河)、白马峪河、丹堡河等。该段沟壑发育、高山植被以草类和灌木为主。河床宽度为 70～150m,川地开阔,村庄居民较多,坡地多被垦殖,局部地区岩石土壤风化严重,山地陡峻,滑坡泥石流常见。横丹以下至关头坝为下游,流程 41km,落差 150m,平均比降 3.66‰,该段水流趋向平稳,两岸高山为灌木和草坡相间,植被较好,河床宽度为 100～180m,集水面积 272km²。

白水江支流众多,共 34 条,左岸 22 条,右岸 12 条,流域面积在 100km² 以上且枯水年最枯流量大于 0.2m³/s 的有黑河、白河、汤珠河、中路河、马连河、白马峪河、丹堡河。

白水江流域属北亚热带季风气候,由于海拔较高,比同纬度其他地区气温略低,据气象站资料,多年平均气温九寨沟县和文县分别是 12.7℃和 14.8℃。文县极端最高气温 37.7℃,极端最低气温-7.4℃,多年平均相对湿度 61%,多年平均蒸发量 2122mm。

白水江流域多年平均降水量,上游达 600mm 以上,中下游九寨沟县为 553mm,文县为 459mm;雨季一般自 4 月开始,10 月结束,据文县资料分析:冬季(12 月至次年 2 月)降雨量占年雨量的 1.2%,

春季（3—5 月）降水量占年降水量的 22.6％，夏季（6—8 月）降水量占年降水量的 51.7％，秋季（9—11 月）降水量占年降水量的 24.5％。

白水江流域汛期暴雨频繁，多出现在 5—9 月，其中 8—9 月最多。暴雨形式多为雷阵雨，上游海拔较高，暴雨强度较小，中下游暴雨强度较大。暴雨形成洪水，最大洪峰流量多出现在 6—9 月，上游洪水一般缓涨缓落，中下游洪水涨落较上游陡，呈单峰型。由于地形和植被的差异以及局地暴雨的影响，上、中、下游洪峰往往不对应，暴雨自上游至下游越来越大，中下游成为主要产洪区。白水江实测洪峰流量为816m³/s（1964 年 7 月 21 日刘家河坝所测），历史洪水调查最大流量1904 年文县断面为 1400m³/s，尚德断面为 1560m³/s，玉垒断面为2480m³/s。

白水江径流以流域降水为主，有少量融雪径流，径流年内分配与降雨年内分配一致；多年平均年径流量 34.69 亿 m³，最小年径流量 20.25 亿 m³（1971 年），最大年径流量 44.34 亿立 m³（1964 年），年径流深 415mm。

白水江流域泥沙资料十分缺乏，仅刘家河坝（后迁至蒿坪）站有泥沙资料，据 1960—1996 年资料统计，多年平均悬移质输沙量 195 万 t，平均含沙量 0.59kg/m³，其中汛期（5—9 月）平均输沙量 178 万 t，占全年输沙量的 91.3％，汛期含沙量 0.9kg/m³，实测最大含沙量 183kg/m³（1987年 5 月 31 日），多年平均侵蚀模数为 240t/km²。

白水江水质优良，据甘肃省水资源公报数据，全部河长均为 I 类水质。

白水江流域位于陇南山区，地势自西北向东南倾斜，多为高山峡谷，个别地带较为开阔。境内峰谷交错，谷地窄狭，河道弯曲，水流湍急。河流自上游至下游，两岸植被逐渐减少，岩石裸露，地形地貌复杂多样。其中以构造剥蚀的中高山地貌为主，河流及其堆积地貌（冲沟、阶地、漫滩、洪积扇、泥石流等）次之，重力地质作用形成的地貌（滑坡、崩塌等）也较发育。

白水江小流域气象水文观测站网和梯级水电站分布情况见图 2.4。

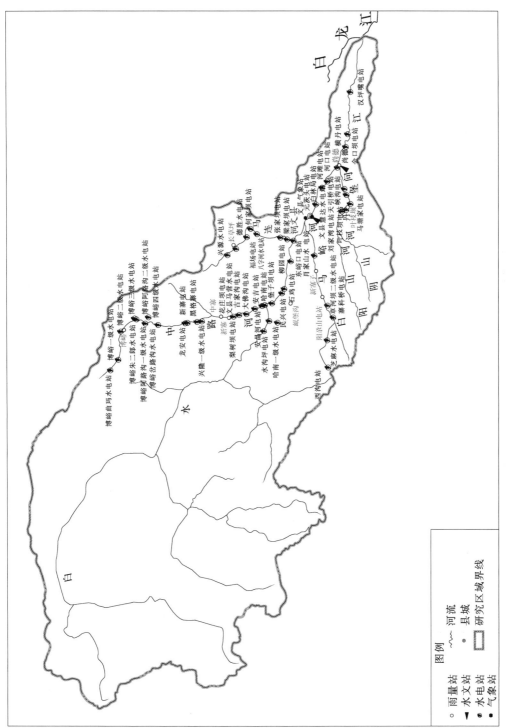

图 2.4 白水江小流域气象水文观测站网和梯级水电站分布图

第3章 基础资料及技术路线

3.1 基础资料

本次研究涉及数据信息量较大，综合起来可分为气候、水文、人类活动、梯级水电站开发、社会经济及最新的相关研究成果等类型。气候类数据主要采用了气象部门观测到的降水、气温、日照等，水文类数据主要采用了水文部门监测到的流量、降水、蒸发、气温、泥沙等资料以及相关试验数据，人类活动类主要采用了农业部门和水利部门的土地资源、水利工程建设等，梯级水电站开发类数据主要采用水利部门、电力部门和其他部门综合数据。

3.1.1 气候资料

气候数据主要有气象部门实际观测到的气温、日照和水文部门实测气温、降水、蒸发等。流域内有迭部、舟曲、宕昌、武都、文县等县市气象站。武都气象站气温、日照资料采用1952—2015年的历年月年平均统计数据，文县气象站气温、日照资料采用1959—2015年的历年月年平均统计数据，宕昌县气象站气温、日照资料采用1981—2015年的历年月年平均统计数据，碧口水文站气温资料采用1987—2015年的历年月年平均统计数据。

3.1.2 水文资料

水文数据主要采用甘肃省水文水资源局拱坝河黄鹿坝水文站、岷江宕昌水文站、白水江文县水文站的小流域实验监测数据和白龙江干流白云、舟曲、武都、碧口水文站实测资料。降水资料主要采用甘肃省水文水资源局在白龙江流域所属的所有雨量站观测资料。蒸发数据主要采用气象站、水文站观测资料。共计采用流域内5个气象站、12个水文站、34个雨量站的资料。研究区分区气象水文监测站信息资料统计见表3.1。

表 3.1　研究区分区气象水文监测站信息

序号	流域	测站编码	河名	站名	监测站类别	监测项目	站址	东经	北纬	地面高程/m	资料系列长度
1	岷江	60707200	岷河	宕昌	气象站、水文站	气温、降水、径流、泥沙	宕昌县城关镇	104°24′	34°02′	—	1956—2015年
2		60727500	阿坞河	阿坞	雨量站	降水	宕昌县阿坞乡	104°08′49″	34°17′11″	2367.0	1969—2015年
3		60727550	理川河	理川	雨量站	降水	宕昌县理川镇	104°19′07″	34°14′50″	2197.2	1966—2015年
4		60727600	南河	南河	雨量站	降水	宕昌县南河乡	104°15′08″	34°06′51″	—	1969—2015年
5	小流域	60727650	官鹅河	花儿滩	雨量站	降水	宕昌县城关镇	104°19′17″	33°57′27″	2165.7	1977—2015年
6		60727750	车拉河	扎峪	雨量站	降水	宕昌县车拉乡	104°28′36″	34°06′56″	1464.5	1966—2015年
7		60727850	岷河	三盘子	雨量站	降水	宕昌县官厅乡	104°32′51″	33°52′49″	2235.4	—
8		60732400	理川河	拉大路	雨量站	降水	宕昌县理川镇拉大路村	104°19′43″	34°16′32″	2074.2	—
9		60732350	南河	茹树	雨量站	降水	宕昌县南河乡茹树河村	104°10′17″	34°04′54″	1944.6	—
10		60732300	贾家河	赵家河	雨量站	降水	宕昌县贾河乡赵家河村	104°22′38″	34°07′56″	—	—
11	拱坝河	60707600	拱坝河	黄鹿坝	水文站	水位、流量、降水、蒸发、泥沙	武都县箩屏乡	104°47′	33°25′	—	1981—2015年
12	小流域	60728050	拱坝河	沙滩	雨量站	降水	舟曲县武坪乡	104°15′15″	33°38′07″	2014.3	1978—2015年
13		60728150	铁坝河	铁坝	雨量站	降水	舟曲县铁坝乡	104°37′16″	33°22′08″	1581.1	1966—2015年
14		60728100	拱坝河	拱坝	雨量站	降水	舟曲县拱坝乡拱坝村	104°31′55″	33°29′03″	—	1966—2015年
15		60732500	拱坝河	丁子河口	雨量站	降水	舟曲县告纳乡丁子河口	104°36′26″	33°25′48″	1279.0	—
16	白水江	60708000	白水江	文县	气象站、水文站	气温、水位、流量、降水、蒸发、泥沙	文县城关镇	104°04′	32°57′	—	1966—2015年
17	小流域	60729550	中路河	博峪	雨量站	降水	舟曲县博峪乡	104°23′05″	33°26′13″	1955.0	1967—2015年
18		60729600	中路河	中寨	雨量站	降水	文县中寨乡	104°25′11″	33°11′25″	1330.0	1967—2015年
19		60729650	岷堡沟	岷堡沟	雨量站	降水	文县石鸡坝乡	104°27′04″	33°00′12″	1361.2	1981—2015年
20		60729700	马连河	长草坪	雨量站	降水	文县季家堡	104°39′	33°07′30″	—	1967—2015年

续表

序号	流域	测站编码	河名	站名	监测站类别	监测项目	站　址	东经	北纬	地面高程/m	资料系列长度
21	白水江小流域	60729850	白马峪河	铁楼寨	雨量站	降水	文县铁楼乡	104°27′50″	32°54′39″	1399.3	1967—2015 年
22		60732700	白马峪河	新寨子	雨量站	降水	文县铁楼乡新寨子	104°32′20″	32°56′02″	1218.9	1978—2015 年
23		60708100	白水江	尚德	水文站	水位、流量、降水、蒸发、泥沙	文县尚德镇水坝村	104°49′	32°53′	—	1957—2015 年
24		60729900	丹堡河	叶枝坝	雨量站	降水	文县丹堡乡	104°42′22″	32°50′35″	980.0	1979—2015 年
25			白龙江	迭部	气象站	气温、降水、蒸发、日照	迭部县城关镇	—	—	—	1973—2015 年
26	白云站以上	60705800	白龙江	白云	水文站	水位、流量、降水、蒸发、泥沙	迭部县电尕乡白云村	103°24′	34°01′	—	1960—2015 年
27		60726650	益畦沟	各子	雨量站	降水	迭部县益畦乡	103°10′01″	34°08′09″	2502.4	—
28		60732150	哇巴曲	才科	雨量站	降水	迭部县电尕镇才科村	103°14′50″	34°07′49″	2560.4	—
29		60732050	吉可河	吉可河	雨量站	降水	碌曲县郎木寺	102°37′10″	34°06′22″	3400.0	—
30		60732100	益畦曲	日宗	雨量站	降水	迭部县益畦乡	103°08′38″	34°11′12″	2771.4	—
31		60706000	白龙江	麻亚寺	雨量站	降水	迭部县麻亚寺	103°43′19″	33°56′31″	1853.7	1966—2015 年
32		60727100	阿夏沟	阿夏	雨量站	降水	迭部县阿夏乡	103°46′02″	33°49′40″	2118.5	1967—2015 年
33		60727150	磨沟	洛大	雨量站	降水	迭部县洛大乡洛大村	103°58′24″	33°59′13″	1625.4	1986—2015 年
34		60727050	多儿沟	多儿	雨量站	降水	迭部县多儿沟	103°49′36″	33°50′58″	2050.2	—
35		60726900	达拉沟	岗岭	雨量站	降水	迭部县达拉乡	103°20′24″	33°52′01″	2420.7	—
36		60732200	尖尼曲	尖尼曲	雨量站	降水	迭部县尼傲乡	103°34′31″	34°05′45″	2681.7	—
37		60732250	阿夏河	纳告	雨量站	降水	迭部县阿夏复纳告	103°41′35″	33°48′12″	2415.1	—
38	白云—舟曲区间	60706100	白龙江	舟曲	气象站、水文站	气温、日照、流量、水位、降水、蒸发、泥沙	舟曲县江盘乡	104°22′	33°47′	—	1956—2015 年
39		60727200	格洛河	腊子口	雨量站	降水	迭部县腊子口乡	103°52′50″	34°09′07″	2033.0	1967—2015 年
40		60727350	大峪沟	油房	雨量站	降水	舟曲县大峪乡	104°03′58″	33°52′07″	—	1978—2015 年

续表

序号	流域	测站编码	河名	站名	监测站类别	监测项目	站址	东经	北纬	地面高程/m	资料系列长度
41	舟曲—武都区间	60706400	白龙江	武都	气象站、水文站	气温、水位、流量、降水、蒸发、泥沙	武都县城关镇	104°55′	33°23′	—	1957—2015年
42		60727900	白龙江	沙湾	雨量站	降水	宕昌县沙湾乡	104°33′22″	33°37′20″	1154.0	1966—2015年
43		60728000	新寨河	新寨	雨量站	降水	宕昌县新寨乡	104°40′41″	33°38′41″	1392.8	1978—2015年
44		60732450	角弓河	狮子	雨量站	降水	宕昌县狮子乡卫生院	104°40′22″	33°44′37″	1928.0	—
45		60707800	北峪河	马街	水文站	水位、流量、降水、蒸发、泥沙	武都县外纳乡	104°57′	33°28′	—	1977—2015年
46	北峪河小流域	60728550	北峪河	安化	雨量站	降水	武都县安化镇	105°02′31″	33°30′20″	1404.2	1976—2015年
47		60728850	官化沟	安坪	雨量站	降水	武都县马街乡	104°55′04″	33°32′51″	1976.5	1976—2015年
48		60728900	汉林沟	杜家湾	雨量站	降水	武都县汉林乡	104°52′35″	33°28′07″	1723.0	—
49		60732550	北峪河	司家坝	雨量站	降水	武都区安化镇樊家坝	105°05′07″	33°30′49″	1473.2	—
50		60726300	五仓河	五马	雨量站	降水	武都县五马乡	105°26′32″	33°03′24″	1090.0	1969—2015年
51		60729150	外纳	外纳	雨量站	降水	武都县外纳乡	105°03′01″	33°12′18″	850.7	1967—2015年
52		60730400	洛塘河	洛塘	雨量站	降水	武都县洛塘乡	105°15′56″	33°04′24″	1130.4	2001—2015年
53		60729300	羊汤河	屯寨	雨量站	降水	文县天池乡	104°46′40″	33°10′05″	1147.3	1980—2015年
54		60729450	三仓河	三仓	水文站	水位、流量、降水、蒸发、泥沙	武都区三仓乡	105°06′49″	33°01′03″	1332.7	—
55	武都—碧口区间	60732600	洋汤河	天池	雨量站	降水	文县天池乡天池	104°45′01″	33°14′36″	1776.0	—
56		60706700	白龙江	碧口	水文站	气温、水位、流量、降水、蒸发、泥沙	文县碧口镇	105°15′	32°45′	—	1957—2015年
57		60729350	白龙江	口头坝	雨量站	降水	文县口头坝乡	104°57′42″	32°56′27″	718.5	1972—2015年
58		60708500	让水河	草坝	水文站	水位、流量、降水、蒸发、泥沙	文县范坝乡	105°06′	32°44′	—	1968—2015年
59		60730100	让水河	刘家坪	雨量站	降水	文县刘家坪乡	104°49′13″	32°47′42″	1286.1	1966—2015年
60		60730150	让水河	店坝	雨量站	降水	文县范坝乡坪上村	105°02′21″	33°44′59″	818.0	1977—2015年

3.1.3　梯级电站开发资料

梯级电站开发资料主要采用甘肃省第一次全国水利普查成果中的水利工程专项基本情况普查成果。

3.2　研究方法与技术路线

3.2.1　研究方法

3.2.1.1　年内分配方法

河流受气候和下垫面的综合影响，年内分配的情势通常是不同的，年内分配可以采用资料系列的年内分配百分比、年内变化幅度、年内分配过程线、不均匀系数及集中程度来反映年内分配的均匀程度，也可以通过春夏秋冬四季、汛期、非汛期等方式进行分析。

3.2.1.2　年际分配方法

河流年际变化取决于大气降水的年际变化，也受径流的补给类型及流域的地貌、地质条件的影响。一般应用统计方法研究年际变化规律，即采用资料系列的均值、变差系数、偏态系数、年最大（小）值及其发生年份、年度变化绝对比率（极值比）及差积曲线法等来反映年际变化特征。

差积曲线法是通过计算每年变量距离均值的值，然后按照年序列相加得到距平累积序列，即

$$ADDA_i = \sum_{i=1}^{n}(X_i - \overline{X}) \tag{3.1}$$

式中：$ADDA_i$ 为第 i 年的差积曲线值；X_i 为第 i 年的时序数据；$\overline{X}$ 为多年平均值。

当差积曲线值持续增大时，表明该时段内数值距平持续为正；当差积曲线值持续不变时，表明该时段内数据距平持续为零，即保持平均；当差积曲线值持续减小时，表明该时段内数据距平持续为负。据此，可以比较直观准确地确定时间序列变量的年际阶段性变化。

3.2.1.3　趋势分析方法

1. 累积滤波器法

累积滤波器法能充分反映时间序列定性的变化趋势，其原理如下：

$$\overline{S} = \frac{\sum_{i=1}^{n} P_i}{n'\overline{P}} \tag{3.2}$$

式中：$\overline{S}$ 为累积平均值；P_i 为时间序列；$\overline{P}$ 为时间序列平均值；n 为序列长度，$n'=1,2,\cdots,n$。

当 $\overline{S}<1$ 时，表明该时间序列呈增长趋势；$\overline{S}>1$ 时，表明该时间序列呈衰减趋势；$\overline{S}\approx1$ 时，表明该时间序列趋于平稳，没有显著增减趋势。

2. 坎德尔秩次相关

对序列 $X_1，X_2，\cdots，X_n$，先确定所有对偶值（$X_i，X_j，j>i$）中的 $X_i<X_j$ 的出现个数（设为 p），顺序的（$i，j$）子集是：（$i=1，j=2，3，4，\cdots，n$），（$i=2，j=3，4，5，\cdots，n$），$\cdots$，（$i=n-1，j=n$）。如果按顺序前进的值全部大于前一个值，这是一种上升趋势，p 为 $(n-1)+(n-2)+\cdots+1$，为等差级数，则总和为 $\frac{1}{2}(n-1)n$。如果序列全部倒过来，则 $p=0$，即为下降趋势。由此可知，对无趋势的序列，p 的数学期望为 $E(p)=\frac{1}{4}n(n-1)$。

此检验的统计量 U：

$$U = \frac{\tau}{\left[var(\tau)\right]^{\frac{1}{2}}} \tag{3.3}$$

其中

$$\tau = \frac{4p}{n(n-1)} - 1 \tag{3.4}$$

$$var(\tau) = \frac{2(2n+5)}{9n(n-1)} \tag{3.5}$$

当 n 增加，U 很快收敛于标准化正态分布。

原假设为无趋势，当给定显著水平 α 后，在正态分布表中查出临界值 $U_{\alpha/2}$，当 $|U|<U_{\alpha/2}$ 时，接受原假设，即趋势不显著；当 $|U|>U_{\alpha/2}$ 时，拒绝

原假设，即趋势显著。P 为研究序列所有的对偶观测值（x_i，x_j，$i<j$）中 $x_i<x_j$ 出现的次数；N 为系列的长度。

3. 斯波曼秩次相关

斯波曼秩次相关检验主要是通过分析水文序列 x_i 与其时序 i 的相关性而检验水文序列是否具有趋势性。在运算时，水文序列 x_i 用其秩次 R_i（即把序列 x_i 从大到小排列时，x_i 所对应的序号）代表，则秩次相关系数为

$$r = 1 - \frac{6 \times \sum_{i=1}^{n} d_i^2}{n^3 - n} \tag{3.6}$$

式中：n 为序列长度；$d_i = R_i - i$。

如果秩次 R_i 与时间序列 i 相近，则 d_i 较小，秩次相关系数较大，趋势性显著。

3.2.1.4　突变分析方法

1. M-K 趋势检验

M-K 趋势检验方法是一种非参数统计检验方法。非参数检验方法也称无分布检验，其优点是不需要样本遵从一定的分布，也不受少数异常值的干扰，更适用于类型变量和顺序变量，计算也比较简便。由于最初由 Mann 和 Kendall 提出了原理并发展了这一方法，故称为 M-K 统计检验法。

对于具有 n 个样本量的时间序列 x，构造一秩序列：

$$S_k = \sum_{i=1}^{k} r_i \quad (k = 2,3,4,\cdots,n) \tag{3.7}$$

$$r_i = \begin{cases} +1, & x_i > x_j \\ 0, & x_i \leqslant x_j \end{cases} \quad (j = 1,2,\cdots,n)$$

可见，秩序列 S_k 是第 i 时刻大于第 j 时刻数值个数的累计数。

在时间序列随机独立的假定下，定义统计量：

$$UF_k = \frac{S_k - E(S_k)}{\sqrt{var(S_k)}} \quad (k = 2,3,4,\cdots,n) \tag{3.8}$$

其中：$UF_1 = 0$；$E(S_k)$、$var(S_k)$ 是累计数 S_k 的均值和方差，在 x_1，x_2，$\cdots$，x_n 相互独立，且有相同连续分布时，它们可由下式算出：

$$E(S_k) = \frac{n(n+1)}{4} \tag{3.9}$$

$$var(S_k) = \frac{n(n-1)(2n+5)}{72} \tag{3.10}$$

UF_i 为标准正态分布，它是按时间序列 x 顺序 x_1，x_2，$\cdots$，x_n 计算出的统计量序列，给定显著性水平 α，查正态分布表，若 $|UF_i| > U_a$，则表明序列存在明显的变化。

按时间序列 x 逆序 x_n，x_{n-1}，$\cdots$，x_1，再重复上述过程，同时令 $UB_k = -UF_k$，$k = n$，$n-1$，$\cdots$，1，$UB_1 = 0$。

分析 UF_k 和 UB_k 的变化趋势：若 UF_k 曲线呈上升状态，则表明序列为增加趋势，UB_k 曲线呈下降状态，则表明序列为减少趋势。当这两条曲线超过显著性 $\alpha = 0.05$ 的临界值水平线时，表明增加或减少趋势十分显著，发生突变的概率很大。

2. 均值跳跃性检验

均值是否存在跳跃，目前多采用分割样本的方法进行检验。这种方法的基本思路是：对于水文资料系列 x_1，x_2，$\cdots$，x_τ，$x_{\tau+1}$，$\cdots$，x_n，若 τ 为可能的跳跃点，那么假定 x_1，x_2，$\cdots$，x_τ 的边际分布为 $F(x)$；$x_{\tau+1}$，$x_{\tau+2}$，$\cdots$，x_n 的边际分布为 $G(x)$，原假设为 $F(x)$ 与 $G(x)$ 同分布，即在时间 τ 前后边际分布无变化（出于同一总体）。检验结果，若接受原假设，则认为系列在时间 τ 前后的边际分布无变化，因而资料是一致的；若拒绝原假设，则认为边际分布有变化，因而资料系列是不一致的，τ 为分割点。在做分割样本检验时，应先确定出分割点 τ，然后再进行检验。

3. 时序累积值相关法

设研究系列 $x_t (t = 1, 2, \cdots, n)$，参证系列 $y_t (t = 1, 2, \cdots, n)$（已知不包含跳跃成分），两序列时序累积值分别为

$$g_j = \sum_{t=1}^{j} x_t, \quad m_j = \sum_{t=1}^{j} y_t \tag{3.11}$$

点绘 $g_j - m_j$ 关系曲线。若研究序列 x_t 跳跃不显著，则 $g_j - m_j$ 关系曲线为一条直线，否则为一折线，转折点为可能的分割点。

4. 里和海哈林法

对于系列 $x_t (t = 1, 2, \cdots, n)$，在假定总体正态分布和分割点先验分布为均匀分布的情况下，推得可能分割点 τ 的后验条件概率密度函数为

$$f(\tau/x_1,x_2,\cdots,x_n)=k[n/\tau(n-\tau)]^{\frac{1}{2}}[R(\tau)]^{-\frac{(n-2)}{2}} \quad (1\leqslant\tau\leqslant n-1)$$

$$(3.12)$$

其中
$$R(\tau)=\frac{\displaystyle\sum_{t=1}^{\tau}(x_t-\overline{x})^2+\sum_{t=\tau+1}^{n}(x_t-\overline{x}_{n-\tau})^2}{\displaystyle\sum_{t=1}^{n}(x_t-\overline{x}_n)}$$

$$(3.13)$$

$$\overline{x}_\tau=\frac{1}{\tau}\sum_{t=1}^{\tau}x_t$$

$$(3.14)$$

$$\overline{x}_{n-\tau}=\frac{1}{n-\tau}\sum_{t=\tau+1}^{n}x_t$$

$$(3.15)$$

$$\overline{x}_n=\frac{1}{n}\sum_{t=1}^{n}x_t$$

$$(3.16)$$

k 为比例常数。由后验条件概率密度函数，以满足 $\max\limits_{1\leqslant\tau\leqslant n-1}\{f(\tau/x_1,x_2,\cdots,x_n)\}$ 条件的 τ 记为 τ_0，这即为最可能的分割点。

5. 有序聚类分析法

对于系列 $x_t(t=1,2,\cdots,n)$，设可能的分割点为 τ，分割前后离差平方和表示为

$$V=\sum_{t=1}^{\tau}(x_t-\overline{x}_\tau)^2$$

$$(3.17)$$

$$V_{n-\tau}=\sum_{t=\tau+1}^{n}(x_t-x_{n-\tau})^2$$

$$(3.18)$$

总离差平方和表示为

$$S_n(\tau)=V_\tau+V_{n-\tau}$$

$$(3.19)$$

依次滑动分割点 τ，得到不同序列长度下的 $S_n(\tau)$ 集合，当 $S_n(\tau)$ 值为最小时，得到最优二分割：

$$S_n^*=\min_{1\leqslant\tau\leqslant-1}\{S_n(\tau)\}$$

$$(3.20)$$

满足上述条件的 τ 记为 τ_0，以此作为最可能的分割点。

6. 小流域气候水文模型法

选择白龙江流域内岷江、拱坝河、白水江 3 个典型小流域和白龙江干流为研究对象，分析研究气候变化对径流的影响。采用典型小流域的水文站径流、蒸发系列资料，气象站气温系列资料，以及水文站、气象站、雨量站的降水观测系列资料，建立典型小流域基本流域水文模型、年降水量与径流深数学模型、年降水量-径流系数-年径流深数学模型、年降水量-汛期降水量-前期降水量-年径流深数学模型，气温、蒸发量作为模型重要因子纳入计算的流域气候水文模型。经过对比分析认为流域气候水文模型能够比较真实地描述流域的降水径流过程，较为清晰地反映出气温、蒸发在降水产流过程中的扰动作用。

3.2.2 技术路线

技术路线框图见图 3.1。

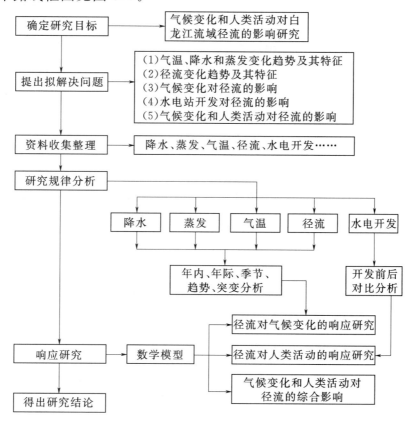

图 3.1 技术路线框图

第4章 气象要素演变规律

4.1 气温

4.1.1 季节变化

四季即是指春季、夏季、秋季和冬季。四季的划分方法一般有四种。

一是我国对四季的一种划分方法，四季的起点分别为立春、立夏、立秋及立冬，各季节的中点为春分、夏至、秋分及冬至。

二是天文学分类法，该方法对四季的划分更注重气候意义，四季的始点分别为春分、夏至、秋分及冬至。该分类法也称为西方分类法，与我国划分的四季相比，时间上要推迟一个半月。

三是张宝坤分类法，此种分类法对实际气候情况的反映较为准确，也称为气候四季。采用的指标为候平均气温，当候平均气温不低于22℃时为夏季，而春季或秋季为候平均气温在10～22℃之间的时期，冬季为候平均气温不超过10℃的时期。该标准方法具有一定特点：中纬度地区的四季与该分法的气候相同，但各个季节有长有短；而低纬度地区与极地附近的四季不分明。

四是气候统计法，每个季节为三个月，即春季为3—5月，夏季为6—8月，秋季为9—11月，冬季为12月至次年的2月。该方法适用于四季分明的地区。本书按照气候统计法进行四季的划分，研究白龙江流域气温、降水及径流的季节变化特征。

根据收集到的资料进行统计分析，绘制迭部、武都和文县的春季、夏季、秋季、冬季、全年平均气温多年平均值统计图，见图4.1。从图中可以看出夏季平均气温最高，迭部平均值为15.9℃，武都平均值为24.1℃，文县平均值为24.1℃；冬季平均气温最低，迭部平均值为−2.3℃，武都平均值为4.6℃，文县平均值为5.2℃；气温变化由高到低的顺序为夏季、春季、秋季、冬季。

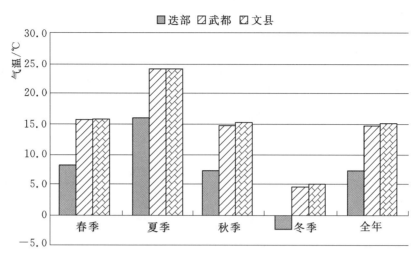

图 4.1 白龙江流域各季节及全年气温多年平均值统计图

4.1.2 年内变化

将迭部、武都和文县的多年月平均气温绘制成曲线图（图 4.2），可以辅助分析季节性气温变化。从图中可以看出气温年内变化规律：1—7 月气温为上升趋势，7—12 月气温为下降趋势。7 月气温最高，迭部平均值为 16.8℃，武都平均值为 25.0℃，文县平均值为 24.9℃。从而可以得出四季变化趋势：春季到夏季气温为上升趋势，夏季到冬季气温为下降趋势，气温变化显著。

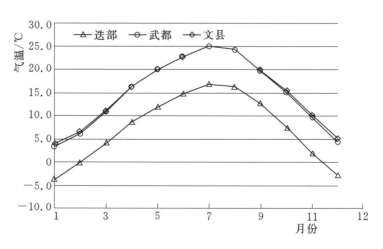

图 4.2 迭部、武都、文县气象站历年月平均气温过程线图

4.1.3　趋势变化

1. 滑动平均法

主要针对气温资料的年平均值采用 10 年进行滑动平均，绘制曲线见图 4.3，消除锯齿，可以直观对趋势做出上升或下降分析。从图 4.3 中可以看出迭部、武都、文县气温逐年呈上升趋势，从而白龙江流域从 1952—2015 年 60 多年气温整体呈上升趋势，趋势显著。

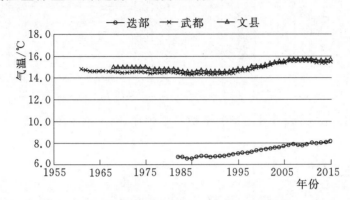

图 4.3　白龙江流域年平均气温 10 年滑动平均曲线图

2. 线性趋势线法

点绘流域内迭部、武都、文县气象站历年平均气温过程线图（图 4.4），从图中可以看出迭部、武都、文县气温变化趋势方程斜率大于 0，从而可以得出 1952—2015 年白龙江流域气温整体呈上升趋势。流域内迭部、武都、文县气象站历年四季平均气温线性趋势方程见表 4.1。

表 4.1　　　　　　　白龙江流域四季气温线性趋势方程

气象站	季（年）	趋势方程式
迭部	春	$y = 0.040x - 72.84$
	夏	$y = 0.055x - 93.69$
	秋	$y = 0.042x - 76.81$
	冬	$y = 0.048x - 99.47$
	年	$y = 0.046x - 84.95$
武都	春	$y = 0.009x - 3.484$
	夏	$y = 0.012x - 0.327$
	秋	$y = 0.015x - 15.26$
	冬	$y = 0.021x - 38.78$
	年	$y = 0.015x - 16.12$

续表

气象站	季（年）	趋势方程式
文县	春	$y=0.013x-11.10$
	夏	$y=0.012x-1.547$
	秋	$y=0.018x-21.95$
	冬	$y=0.020x-34.72$
	年	$y=0.016x-17.07$

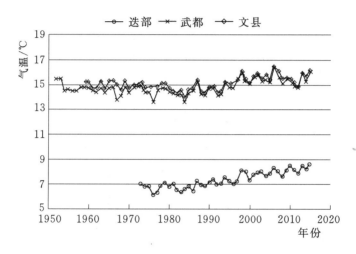

图 4.4　白龙江流域多年气温年平均值趋势线图

3. 肯德尔秩次法

利用肯德尔秩次法对气温变化趋势显著程度进行分析，置信度 α 设为 0.05：$U>U_{\alpha/2}$（即大于 1.96），说明突变性显著；$U>0$ 趋势为上升，$U<0$ 趋势为下降。通过计算得出各站点的多年年均气温 U 值，并分析显著程度，统计结果见表 4.2。通过表中的数据可以看出白龙江流域气温整体呈上升趋势，趋势比较显著。

表 4.2　　　　　白龙江流域气温肯德尔秩次法计算成果表

站点	U 值	U 与 $U_{\alpha/2}$ 的关系	趋势	显著程度
迭部	6.18	$U>U_{\alpha/2}$	上升	显著
武都	2.97	$U>U_{\alpha/2}$	上升	显著
文县	2.78	$U>U_{\alpha/2}$	上升	较显著

4.1.4　突变分析

1. 累积距平法

将迭部、武都、文县气温年平均值绘制累积距平曲线（图 4.5）。从图中可以得出：迭部 1973—1997 年气温变化呈递减趋势，1997—2015 年气温变化呈递增趋势，1997 年为突变点；武都 1952—1993 年气温变化呈递减趋势，1993—2015 年气温变化呈递增趋势，1993 年为突变点；文县 1952—1996 年气温变化呈递减趋势，1996—2015 年气温变化呈递增趋势，1996 年为突变点。

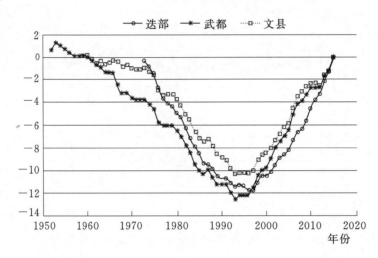

图 4.5　白龙江流域多年气温年平均累积距平曲线图

通过对迭部、武都、文县的气温资料分析，可以总结得出：白龙江气温突变年份在 1996 年前后，突变显著。

2. 滑动 t 检验法

通过滑地动 t 检验来分析白龙江流域气温年际平均值变化趋势，置信度 α 设为 0.05，如果计算 T 值大于 $t_{\alpha/2}$（即大于 1.64），说明突变性显著。通过计算得出各站点的多年年均气温滑动 T 值和突变点年份，并分析显著程度，统计结果见表 4.3 和图 4.6～图 4.8。

表 4.3　　　　　　　　　年际气温线性趋势分析统计表

站点	T 值	突变点年份	T 与 $t_{\alpha/2}$ 的关系	显著程度
迭部	10.3	1997	$T > t_{\alpha/2}$	显著
武都	4.93	1993	$T > t_{\alpha/2}$	显著
文县	7.05	1996	$T > t_{\alpha/2}$	显著

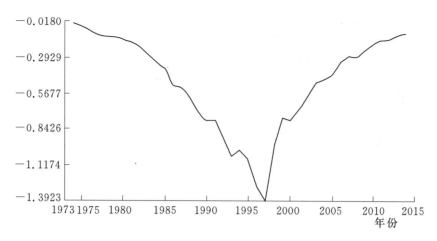

图 4.6　迭部水文站 1973—2015 年逐年平均气温滑动 t 检验曲线

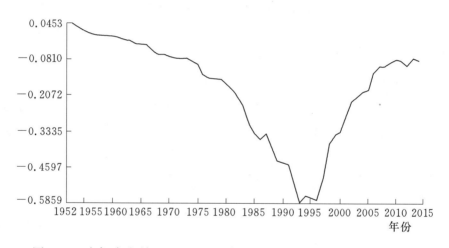

图 4.7　武都水文站 1952—2015 年逐年平均气温滑动 t 检验曲线

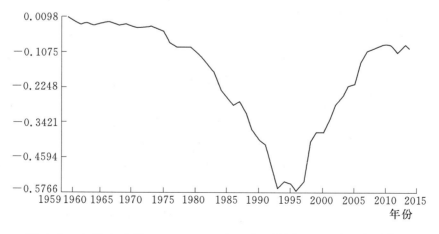

图 4.8　文县水文站 1959—2015 年逐年平均气温滑动 t 检验曲线

通过对迭部、武都、文县的气温资料分析，可以得出白龙江流域气温突变年份在 1996 年前后，突变显著。

4.2　降水

4.2.1　年内分配

白龙江流域内降水量观测站点有干流和支流上的 10 个水文站及 27 个雨量站。以干流白云、舟曲、武都、碧口 4 个水文站和支流控制站宕昌、黄鹿坝、马街、文县 4 个水文站自建站以来观测的系列资料为代表进行统计分析。

白龙江干流各站多年平均降水量月年特征值见表 4.4，全年降水量主要集中在主汛期 5—9 月，白云、舟曲、武都、碧口 4 站 5—9 月多年平均降水量合计占全年降水量的比例分别为 79.3%、75.3%、79.1%、83.1%，12 月至次年 2 月多年平均各月降水量合计占全年降水量的比例分别为 1.4%、1.4%、1.2%、1.7%，3—4 月及 10—11 月多年平均各月降水量合计占全年降水量的比例分别为 19.3%、23.3%、19.7%、15.2%。

表 4.4　　　　　白龙江干流各站多年平均降水量月年特征值

站名	项目	降水量												全年
		1月	2月	3月	4月	5月	6月	7月	8月	9月	10月	11月	12月	
白云	降水量/mm	2.3	4.8	16.4	40.2	85.7	74.7	100.6	96.3	92.4	47.2	6.2	1.1	567.9
	百分比/%	0.4	0.8	2.9	7.1	15.1	13.2	17.7	17.0	16.3	8.3	1.1	0.2	100
舟曲	降水量/mm	2.2	2.7	16.7	27.5	52.3	52.8	68.0	72.3	53.8	41.4	7.1	0.4	397.2
	百分比/%	0.6	0.7	4.2	6.9	13.2	13.3	17.1	18.2	13.5	10.4	1.8	0.1	100
武都	降水量/mm	2.0	2.8	13.9	35.7	62.0	62.0	88.9	84.9	73.9	37.7	8.1	0.9	469
	百分比/%	0.4	0.6	3.0	7.6	13.2	13.2	18.9	18.1	15.7	8	1.7	0.2	100
碧口	降水量/mm	4.8	6.7	17.7	42.3	82.6	96.8	194.7	178.1	142.4	49.8	16.7	2.8	835.6
	百分比/%	0.6	0.8	2.1	5.1	9.9	11.6	23.3	21.3	17.0	6.0	2.0	0.3	100

白龙江支流控制站多年平均降水量月年特征值见表 4.5。全年降水量主要集中在主汛期 5—9 月，宕昌、黄鹿坝、马街、文县 4 站 5—9 月多年平均各月降水量合计占全年降水量的比例分别为 73.6%、77.7%、79.9%、75.4%，12 月至次年 2 月多年平均各月降水量合计占全年降水量的比例分

别为 2.4%、1.3%、1.2%、1.2%，3 月、4 月、10 月、11 月多年平均各月降水量合计占全年降水量的比例分别为 24.0%、21.0%、18.8%、23.4%。可见，流域内降水量年内变化特征表现为不均匀，全年降水量主要集中在主汛期。

表 4.5　　　　　白龙江支流各站多年平均降水量月年特征值

站名	项目	降　水　量												全年
		1 月	2 月	3 月	4 月	5 月	6 月	7 月	8 月	9 月	10 月	11 月	12 月	
宕昌（岷江）	降水量/mm	4.1	7.4	24.0	49.0	80.5	82.7	94.9	92.7	74.7	55.5	10.2	2.0	578.0
	百分比/%	0.7	1.3	4.2	8.5	13.9	14.3	16.4	16.0	12.9	9.61	1.76	0.4	100
黄鹿坝（拱坝河）	降水量/mm	2.0	3.3	16.6	38.7	70.9	70.2	85.0	86.2	73.5	40.3	8.7	1.0	496.3
	百分比/%	0.4	0.7	3.3	7.8	14.3	14.1	17.1	17.4	14.8	8.1	1.8	0.2	100
马街（北峪河）	降水量/mm	1.7	3.0	14.0	31.3	62.6	69.8	88.3	78.9	68.6	35.0	6.5	1.0	460.6
	百分比/%	0.4	0.6	3.0	6.8	13.6	15.2	19.2	17.1	14.9	7.6	1.4	0.2	100
文县（白水江）	降水量/mm	1.2	2.8	13.7	37.4	58.6	56.8	76.4	67.4	55.8	38.1	8.5	0.7	417.4
	百分比/%	0.3	0.7	3.3	9.0	14.0	13.6	18.3	16.1	13.3	9.1	2.0	0.2	100

4.2.2　各年代降水量年内分配情况

从白龙江流域各年代降水量的年内分配比例结果（表 4.6）看，1961—2015 年白龙江流域多年平均降水量的年内分配不均匀。当年 11 月至次年 3 月，流域气温为低值区，降水量偏少，该时期降水量占年降水量的 6% 左右。4—10 月，气温不断地升高，降水量也随之增加，此时段降水量占年降水量的 94% 左右。

表 4.6　　　　　白龙江流域各年代降水量的年内分配比例统计表

时段	1960—1969 年/%	1970—1979 年/%	1980—1989 年/%	1990—1999 年/%	2000—2009 年/%	1961—2015 年/%
1 月	0.45	0.43	0.53	0.62	0.57	0.52
2 月	0.77	0.75	0.93	1.40	1.05	0.98
3 月	2.70	3.06	2.78	3.12	3.35	3.00
4 月	8.02	7.09	7.41	6.35	6.55	7.09
5 月	13.2	13.4	12.9	13.6	14.0	13.4
6 月	11.2	13.9	16.1	13.6	14.2	13.8

续表

时段	1960—1969 年 /%	1970—1979 年 /%	1980—1989 年 /%	1990—1999 年 /%	2000—2009 年 /%	1961—2015 年 /%
7 月	19.3	18.4	18.0	19.0	18.0	18.5
8 月	16.6	18.0	17.5	18.0	16.6	17.3
9 月	17.7	14.7	15.6	13.9	15.9	15.6
10 月	8.32	8.76	6.91	8.49	8.11	8.11
11 月	1.55	1.26	1.14	1.33	1.34	1.32
12 月	0.25	0.29	0.29	0.60	0.30	0.35
4—10 月	94.3	94.2	94.3	92.9	93.4	93.8
11 月至次年 3 月	5.7	5.8	5.7	7.1	6.6	6.2

20 世纪 60 年代至 21 世纪最初 15 年，白龙江流域年内最大月降水量均出现在 7 月，最小月降水量均出现在 12 月，其他各月分配比例变化不大，说明白龙江流域降水量年内分配格局基本稳定。

4.2.3　季节变化

采用白龙江流域内具有代表性的白云、舟曲、宕昌、黄鹿坝、武都、文县、碧口 7 个水文站绘制春季、夏季、秋季、冬季、全年多年平均降水量直方图，见图 4.9。从图中可以看出夏季降水量最大，冬季降水量最小，主要降水发生在汛期，约占全年的 70%。

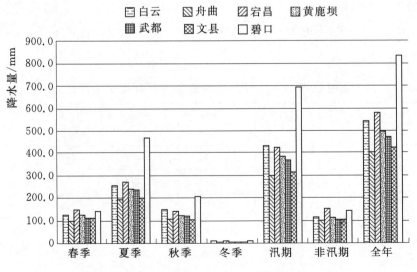

图 4.9　白龙江流域降水量多年平均统计图

将 7 个水文站的多年平均月降水量绘制曲线见图 4.10，从图中可以看出气温年内变化规律 1—7 月为上升趋势，7—12 月为下降趋势，7 月降水量最大。从而可以得出降水量四季变化趋势，即：春季到夏季为上升趋势，夏季到冬季为下降趋势，变化显著。

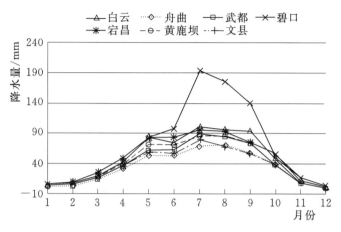

图 4.10　月降水量多年平均统计曲线图

　　白龙江中上游春、夏、秋、冬各季降水量占年降水量的比例分别为23.50%、49.64%、25.02% 和 1.84%。从季节降水量的线性变化趋势进行分析如下：

　　春季降水量经历了"增多-减少-增多"变化，即 1961—1977 年偏多，1977—1995 年偏少，1995—2010 年再次偏多，在 1964 年、1967 年出现降水高值，在 1962 年、1979 年、2008 年出现降水低值，春季降水量总体有略微减小趋势，年际变化率为 -0.5mm/10a。

　　夏季降水量经历了"增多-减少-增多"变化，即 1961—1984 年为增多变化，1984—1991 年为减少变化，1991 年至今为增多变化，在 1984 年、1992 年降水量较高，1974 年、1991 年、1997 年和 2002 年降水量偏低，夏季降水量总体呈上升趋势，年际变化率为 1.4mm/10a。

　　秋季降水量经历了"减少-增多"变化，即 1961—1998 年变少，1998—2010 年变多，在 1961 年、1967 年、1975 年、1992 年出现降水高值，在 1972 年、1976 年、1987 年出现降水低值，秋季降水量总体有减小趋势，秋季年际变化率为 -4.8mm/10a。

　　冬季降水量经历了"减少-增多-减少"变化，即 1961—1987 年变少，1987—2000 年变多，2000—2010 年再次变少；在 1991 年、1993 年、2000年出现降水高值，在 1963 年、1999 年、2010 年出现降水低值。冬季降水量

20世纪60—70年代逐渐减少，之后到90年代显著增多，21世纪前10年又明显变少。

4.2.4　年际变化

以流域内干流4个水文站和支流3个水文站自建站至2015年实测降水量资料统计分析，白龙江干支流水文站历年降水量变化过程线见图4.11，白龙江流域各站历年降水量变化趋势方程汇总结果见表4.7。

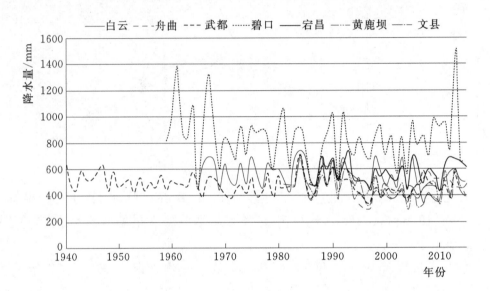

图4.11　白龙江流域代表站历年降水量变化过程线图

表4.7　　　　　白龙江流域各站历年降水量变化趋势方程

序号	河名	站名	资料系列长度	趋势方程
1	白龙江	白云	1965—2015 年	$y=-0.9818x+2518.1$
2	白龙江	舟曲	1995—2015 年	$y=5.250x-10129$
3	白龙江	武都	1940—2015 年	$y=-1.256x+2955$
4	白龙江	碧口	1959—2015 年	$y=-1.370x+3553$
5	岷江	宕昌	1983—2015 年	$y=0.349x-120.2$
6	拱坝河	黄鹿坝	1981—2015 年	$y=-0.363x+1222$
7	北峪河	马街	1977—2015 年	$y=-1.570x+3596$
8	白水江	文县	1991—2015 年	$y=0.028x+360.0$

从图 4.11、表 4.7 中可以明显看出白云、武都、碧口、黄鹿坝、马街水文站降水量呈现出逐年缓慢下降的趋势，舟曲、宕昌、文县水文站呈现出逐年上升的趋势。

4.2.5 突变分析

将白龙江流域划分多个区域，即分为白龙江干流舟曲以上区间、舟曲—武都区间、武都—碧口区间、上游的岷江流域、中游拱坝河流域、下游白水江流域作为重点对象。首先对各个区的雨量站年降水量进行统计，算出各降水量平均值作为区域年降水量，再进行数据统计分析。

1. 滑动平均法

采用 10 年年降水量平均值进行滑动，绘制曲线图（图 4.12），从图中可以看出白龙江流域整体从 1970—2015 年降水量呈下降趋势，趋势显著。

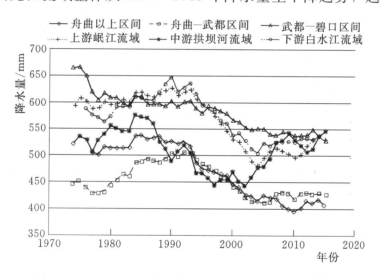

图 4.12　白龙江流域年降水量 10 年滑动平均曲线图

2. 线性趋势线法

利用线性趋势法对各区间对象进行计算分析，并绘制趋势线图（图 4.13），从图中可以看出白龙江流域整体降水量变化呈递减趋势，由表 4.8 看出，趋势方程斜率小于 0，从而可以得出白龙江流域降水量整体呈下降趋势。

3. 肯德尔（Mann-Kendall）秩次法

利用肯德尔秩次法对降水量变化趋势显著程度进行分析，置信度 α 设为 0.05，如果计算 $U > U_{\alpha/2}$（即大于 1.96），说明突变性显著；$U > 0$，趋势为

表 4.8 白龙江流域年季降水量线性趋势分析统计表

区　间	趋势方程	区　间	趋势方程
舟曲以上区间	$y = -3.090x - 6626$	上游岷江流域	$y = -1.954x - 4455$
舟曲—武都区间	$y = -0.907x - 2258$	中游拱坝河流域	$y = -0.385x - 1285$
武都—碧口区间	$y = -3.239x - 7034$	下游白水江流域	$y = -1.815x - 4182$

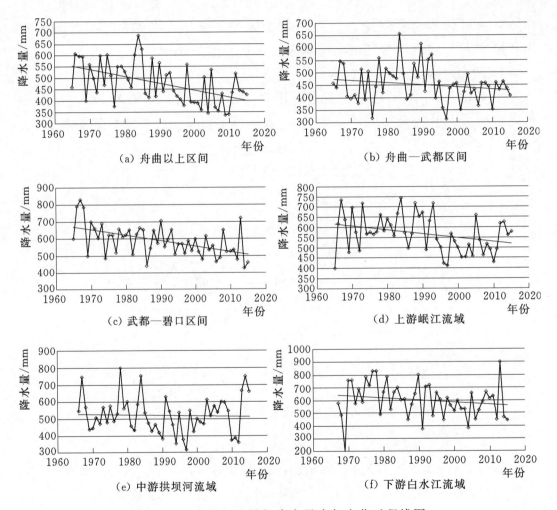

图 4.13　白龙江流域年降水量多年变化过程线图

上升；$U < 0$，趋势为下降。通过计算得出各站点的多年降水量 U 值，并分析显著程度。

统计结果见表 4.9，通过表中的数据可以看出白龙江流域降水量整体呈减少趋势，整体减少趋势较显著，部分支流不显著。

表 4.9 白龙江流域降水肯德尔秩次法计算成果表

区 间	U 值	U 与 $U_{a/2}$ 的关系	趋势	显著程度
舟曲以上	3.86	$U > U_{a/2}$	下降	显著
舟曲—武都区间	1.21	$U < U_{a/2}$	下降	不显著
武都—碧口区间	3.76	$U > U_{a/2}$	下降	显著
上游岷江流域	2.13	$U > U_{a/2}$	下降	较显著
中游拱坝河流域	0.17	$U < U_{a/2}$	下降	不显著
下游白水江流域	2.07	$U > U_{a/2}$	下降	较显著

4.2.6 流域内降水量面上分布特征

根据白龙江干流白云、舟曲、武都、碧口水文站，支流宕昌、黄鹿坝、马街、文县、尚德、草坝水文站以及白龙江流域内麻亚寺、阿夏、腊子口、洛大、油房、阿坞、理川、花儿滩、三盘子、沙湾、新寨、沙滩、铁坝、安化、安坪、外纳、屯寨、口头坝、三仓、博峪、中寨、岷堡沟、长草坪、铁楼寨、叶枝坝、刘家坪、洛塘 27 个雨量站历年实测资料，白龙江流域多年面平均年降水量为 530.8mm，历年最大年降水量出现在碧口，为 835.6mm，历年最小年降水量出现在洛大，为 365.5mm。从上游白云往下游舟曲，降水量逐步减少；从舟曲再往下游碧口，降水量呈现逐步增大的趋势。

对白龙江流域舟曲—武都区间的武都水文站 1940—2015 年、沙湾雨量站 1966—2015 年、新寨雨量站 1978—2015 年年降水量资料进行统计分析，发现白龙江流域舟曲—武都区间降水量自 1993 年以来明显减少，1993—2015 年区间多年平均降水量 402.1mm，比建站至 2015 年区间多年平均降水量 442.4mm 减少 40.3mm，比建站至 1992 年区间多年平均降水量 475mm 减少 72.9mm。2010—2015 年区间多年平均降水量 420.2mm，比建站至 2015 年区间多年平均降水量 442.4mm 减少 22.2mm，比建站至 1992 年区间多年平均降水量 475mm 减少 54.8mm。

1. 累积距平法

经过计算并绘制白龙江流域年降水量多年累积距平曲线图（图 4.14），从图中可以得出舟曲以上区间、舟曲—武都区间、武都—碧口区间、上游岷江流域、下游白水江流域突变点都在 1993 年左右，中游拱坝河流域突变点在 1985 年左右。

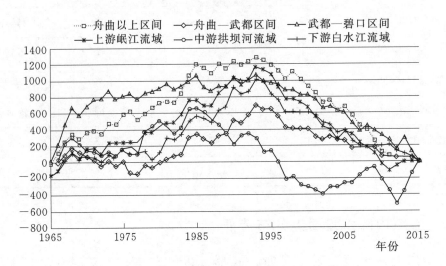

图 4.14　白龙江流域年降水量多年累积距平曲线

2. 滑动 t 检验法

通过滑动 t 检验来分析白龙江流域降水量年际变化趋势，置信度 α 设为 0.05，如果计算 $T > t_{\alpha/2}$（即大于 1.64），说明突变性显著。通过计算得出各区间的多年平均年降水量滑动 T 值和突变点年份，并分析显著程度，统计结果见表 4.10 和图 4.15。

表 4.10　白龙江流域区间和典型流域降水量线性趋势分析统计表

区 间	T 值	突变点年份	T 与 $t_{\alpha/2}$ 的关系	显著程度
舟曲以上区间	4.81	1993	$T > t_{\alpha/2}$	显著
舟曲—武都区间	2.90	1993	$T > t_{\alpha/2}$	显著
武都—碧口区间	3.60	1985	$T > t_{\alpha/2}$	显著
上游岷江流域	4.09	1993	$T > t_{\alpha/2}$	显著
中游拱坝河流域	1.73	1985	$T > t_{\alpha/2}$	较显著
下游白水江流域	3.73	1993	$T > t_{\alpha/2}$	显著

白龙江流域整体突变年份在 1993 年左右，中游拱坝河流域突变年份在 1985 年左右。

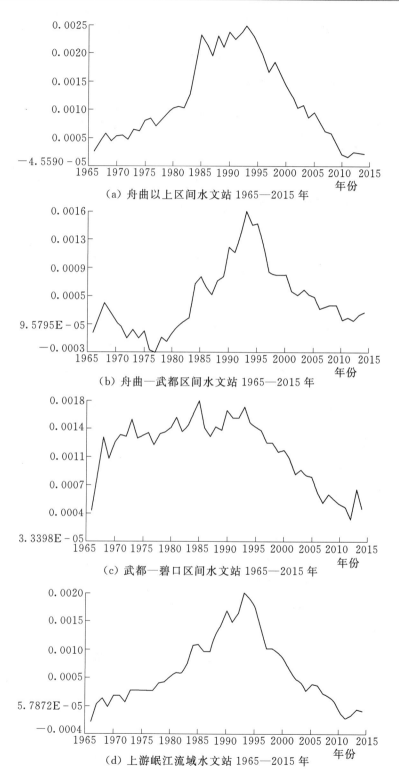

（a）舟曲以上区间水文站 1965—2015 年

（b）舟曲—武都区间水文站 1965—2015 年

（c）武都—碧口区间水文站 1965—2015 年

（d）上游岷江流域水文站 1965—2015 年

图 4.15（一） 白龙江流域年降水量滑动 t 检验曲线

（e）中游拱坝河流域水文站 1966—2015 年

（f）下游白水江流域水文站 1967—2015 年

图 4.15（二）　白龙江流域年降水量滑动 t 检验曲线

4.3　水面蒸发量

4.3.1　年内变化

　　流域内水面蒸发资料观测系列较长或完整的有舟曲、碧口、白云、宕昌、马街、黄鹿坝、文县 7 个水文站，流域内代表站多年平均月年蒸发量统计成果见表 4.11。

表 4.11　　　　　　流域内代表站多年平均月年蒸发量

站名	项目	蒸　发　量												全年
		1 月	2 月	3 月	4 月	5 月	6 月	7 月	8 月	9 月	10 月	11 月	12 月	
舟曲	蒸发量/mm	49.8	68.7	118.2	157.7	182.1	191.7	203.0	197.7	132.0	93.1	64.3	47.1	1515.5
	百分比/%	3.3	4.5	7.8	10.4	12.0	12.6	13.4	13.0	8.7	6.1	4.2	3.1	100
碧口	蒸发量/mm	48.6	56.2	90.8	124	149	151.9	141.4	129.3	76.5	60.7	50.3	45.8	1124.4
	百分比/%	4.3	5	8.1	11	13.2	13.5	12.6	11.5	6.8	5.4	4.5	4.1	100

站名	项目	蒸 发 量												全年
		1月	2月	3月	4月	5月	6月	7月	8月	9月	10月	11月	12月	
白云	蒸发量/mm	49.4	72.8	120.6	152.1	159.2	151.5	165.8	156.9	107.4	81.0	61.4	42.8	1321.4
	百分比/%	3.74	5.51	9.13	11.51	12.05	11.47	12.54	11.87	8.13	6.13	4.65	3.24	100
宕昌	蒸发量/mm	37.3	55.9	96.9	133.2	152.7	155.0	175.1	168.5	104.0	75.0	53.2	35.8	1244.3
	百分比/%	3.0	4.5	7.8	10.7	12.3	12.5	14.1	13.5	8.4	6.0	4.3	2.9	100
马街	蒸发量/mm	41.7	57.1	88.1	113.9	130.5	130.9	140.6	133.6	86.0	66.2	56.1	42.7	1087.0
	百分比/%	3.8	5.3	8.1	10.5	12.0	12.0	12.9	12.3	7.9	6.1	5.2	3.9	100
黄鹿坝	蒸发量/mm	40.5	57.6	97.7	137.8	154.4	169.4	185.7	174.2	106.7	71.7	51.4	38.4	1293.5
	百分比/%	3.1	4.5	7.6	10.7	11.9	13.1	14.4	13.5	8.2	5.5	4.0	3.0	100
文县	蒸发量/mm	51.9	64.7	106.4	179.0	167.4	163.9	171.0	162.5	106.0	78.0	58.0	45.5	1305.3
	百分比/%	4.0	5.0	8.2	13.7	12.8	12.6	13.1	12.4	8.1	6.0	4.4	3.5	100

从表 4.11 可知，全年蒸发量主要集中在 4—8 月，舟曲、碧口、白云、宕昌、马街、黄鹿坝、文县水文站 4—8 月蒸发量占全年蒸发量的百分比分别为 61.5%、62.0%、59.4%、63.1%、59.8%、63.5%、64.4%，最大蒸发量一般出现在 7 月，最小蒸发量一般出现在 12 月。

4.3.2 年际变化

点绘流域内代表站白云、舟曲、碧口、黄鹿坝、马街、文县、宕昌 7 个水文站逐年蒸发量过程线（图 4.16），白龙江流域各站历年蒸发量变化趋势方程汇总结果见表 4.12。从图 4.16、表 4.12 逐年蒸发量变化趋势看出，流域内白云、碧口、黄鹿坝、马街 4 个水文站蒸发量呈现出逐年缓慢下降的趋势，舟曲、文县、宕昌 3 个水文站蒸发量呈现出逐年缓慢上升的趋势。

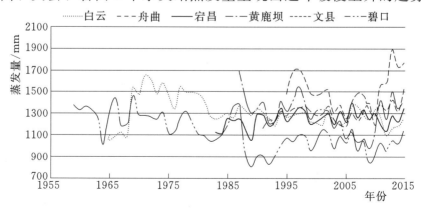

图 4.16 流域内代表站蒸发量过程线图

表 4.12　　　白龙江流域各站历年蒸发量变化趋势方程汇总表

序号	河名	站名	资料系列长度	趋势方程
1	白龙江	白云	1965—2015 年	$y=-5.1612x+11597$
2	白龙江	舟曲	1995—2015 年	$y=4.514x-7537$
3	白龙江	碧口	1959—2015 年	$y=-6.445x+13929$
4	岷江	宕昌	1983—2015 年	$y=2.777x-4307$
5	拱坝河	黄鹿坝	1987—2015 年	$y=-7.573x+16448$
6	北峪河	马街	1984—2015 年	$y=-2.604x+6293$
7	白水江	文县	1991—2015 年	$y=4.987x-8684$

从观测系列最长的碧口站 1959—2015 年蒸发量资料看，1988 年开始年蒸发量明显减少，1959—1987 年多年平均年蒸发量 1240.3mm，1988—2015 年多年平均年蒸发量 995.1mm。

4.3.3　季节变化

绘制流域内蒸发量观测代表站白云、舟曲、宕昌、黄鹿坝、文县、碧口的春季、夏季、秋季、冬季、全年蒸发量直方图（图 4.17）。从图中可以看出：夏季平均气温最高，蒸发量最大；冬季平均气温最低，蒸发量最小；四季蒸发量由大到小顺序为夏季、春季、秋季、冬季。各级蒸发量夏季、冬季多年平均值见表 4.13。

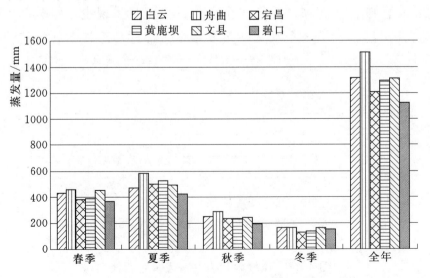

图 4.17　白龙江流域蒸发多年蒸发量统计图

表 4.13　　白龙江流域代表站冬季、夏季蒸发量多年平均值统计

项 目		观 测 站					
		白云	舟曲	宕昌	黄鹿坝	文县	碧口
多年平均蒸发量 /mm	夏季	471	587	499	526	494	422
	冬季	164	166	232	134	162	150

　　将各站水面蒸发资料多年月平均值绘制曲线图（图 4.18），从图中可以看出蒸发年内变化规律 1—7 月为上升趋势，7—12 月为下降趋势，7 月蒸发量最大。从而可以得出白龙江流域蒸发量四季变化趋势为：春季到夏季为增大趋势，夏季到冬季为下降趋势，蒸发量四季变化显著。

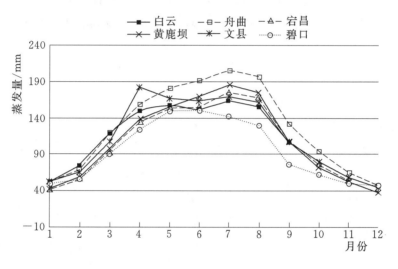

图 4.18　白龙江流域蒸发量多年月平均过程线图

4.4　小结

4.4.1　气温

　　（1）依据流域内气象站、水文站气温实测资料分析，近 60 年来白龙江流域气温年内分布稳定，年内最高气温与最低气温分别出现在 7 月与 1 月，11 月至次年 3 月气温为冷季，4—10 月气温为暖季。

　　（2）近 60 年来白龙江流域年平均气温整体上升趋势显著。流域上游气温年际变化率为 0.46℃/10a、中游气温年际变化率为 0.15℃/10a、下游气温年际变化率为 0.16℃/10a，整个流域 1992 年以前气温稳定波动，1993 年

以后气温急剧升高，并在 1996 年前后发生暖突变，突变后升温速率进一步加快。

（3）年代变化分析成果，20 世纪 60 年代平均气温最低，70 年代和 80 年代基本相当且增温缓慢，90 年代以后气温快速升高，21 世纪以来升温速率进一步加快。

（4）流域内上、中、下游各季节平均气温均显著升高，其中升温速率最快的是冬季，以 0.48℃/10a、0.21℃/10a、0.16℃/10a 的年际变化率上升；其次是秋季，分别以 0.45℃/10a、0.20℃/10a、0.23℃/10a 的年际变化率上升；夏季分别以 0.41℃/10a、0.12℃/10a、0.12℃/10a 的年际变化率上升；春季分别以 0.40℃/10a、0.09℃/10a、0.13℃/10a 的年际变化率上升。未来一定时段内年平均气温与四季平均气温均持续上升的概率很大。

4.4.2　降水

（1）采用白龙江流域内 10 个水文站及 27 个雨量站的降水量观测系列资料分析，流域内全年降水量主要集中在主汛期 5—9 月，白云、舟曲、武都、碧口 5—9 月多年平均各月降水量合计占全年降水量的比例分别为 79.3%、75.3%、79.1%、83.1%。流域内降水量年内分布不均匀，全年降水量主要集中在主汛期 5—9 月，7 月月降水量最大。

（2）白龙江流域内春、夏、秋、冬各季降水量占年降水量的比例分别为 23.50%、49.64%、25.02% 和 1.84%。春季降水量总体有略微减小趋势，年际变化率为 −0.5mm/10a；夏季降水量总体呈上升趋势，年际变化率为 1.4mm/10a；冬季降水量 20 世纪 60—70 年代减少，之后到 90 年代显著增多，21 世纪前 10 年明显变少；秋季降水量总体有减小趋势，秋季年际变化率为 −4.8mm/10a。

（3）从降水量观测资料系列超过 30 年的长系列资料分析，流域内降水量呈现出逐年缓慢下降的趋势，上游白云水文站多年降水量变化率 −0.9818mm/a，中游武都水文站多年降水量变化率 −1.256mm/a，下游碧口水文站多年降水量变化率 −1.370mm/a，白云、武都、碧口站年平均减少的量分别占多年平均降水量的 0.18%、0.28%、0.17%。

（4）采用累积距平法、滑动 t 检验法、线性趋势法对白龙江流域分区历年降水量系列进行突变分析，得出舟曲以上区间、舟曲—武都区间、武都—碧口区间、上游岷江流域、下游白水江流域突变点都在 1993 年左右，中游拱坝河流域突变点在 1985 年左右。

（5）流域面上降水量的变化呈现出从上游白云往下游舟曲逐步减少、从舟曲再往下游碧口逐步增大的趋势。

（6）白龙江流域舟曲—武都区间降水量，自 1993 年以来明显减少，1993—2015 年区间多年平均降水量 402.1mm，比建站至 2015 年区间多年平均降水量 442.4mm 减少 40.3mm，比建站至 1992 年区间多年平均降水量 475mm 减少 72.9mm；2010—2015 年区间多年平均降水量 420.2mm，比建站至 2015 年区间多年平均降水量 442.4mm 减少 22.2mm，比建站至 1992 年区间多年平均降水量 475mm 减少 54.8mm。

4.4.3　水面蒸发量

（1）流域内代表站全年蒸发量主要集中在 4—8 月，舟曲、碧口、白云、宕昌、马街、黄鹿坝、文县水文站 4—8 月蒸发量合计占全年蒸发量的比例分别为 61.5%、62.0%、59.4%、63.1%、59.8%、63.5%、64.4%，最大蒸发量一般出现在 7 月，最小蒸发量一般出现在 12 月。

（2）流域内白云、碧口、黄鹿坝、马街 4 个水文站逐年蒸发量呈现出逐年缓慢下降的趋势，年蒸发量变化率分别为 $-5.1612mm/a$、$-6.445mm/a$、$-7.573mm/a$、$-2.604mm/a$；舟曲、文县、宕昌 3 个水文站逐年蒸发量呈现出逐年缓慢上升的趋势，年蒸发量变化率分别为 $4.514mm/a$、$2.777mm/a$、$4.987mm/a$。

（3）年内蒸发量四季变化显著，四季蒸发变化由大到小的顺序为夏季、春季、秋季、冬季。

第5章 径流演变规律

5.1 径流监测情况

白龙江流域径流常年监测站共 10 个，干流从上游到下游依次为白云、舟曲、武都、碧口水文站，主要支流上的水文站分布情况，上游有岷江宕昌水文站，中游有拱坝河黄鹿坝水文站、北峪河马街水文站，下游有白水江文县水文站和尚德水文站、让水河草坝水文站，详细情况见表 5.1。

表 5.1   白龙江流域径流常年监测站情况

序号	站名	地 址	资料起始年份	资料序列长度/a
1	白云	甘肃省迭部县电尕乡白云村	1956	60
2	舟曲	甘肃省舟曲县江盘乡	1956	60
3	宕昌	甘肃省宕昌县城关	1956	60
4	黄鹿坝	甘肃省武都县锦屏乡	1981	35
5	马街	甘肃省武都县马街乡	1956	60
6	武都	甘肃省陇南市武都区东江新区	1956	60
7	文县	甘肃省陇南市文县城关镇	1956	60
8	尚德	甘肃省文县尚德镇水坝村	1956	60
9	草坝	甘肃省文县草坝范坝乡	1968	48
10	碧口	甘肃省文县碧口镇	1956	60

5.2 年内变化

对白云、舟曲、武都、碧口 4 个控制性代表水文站 1956—2015 年的月年实测径流资料进行统计，各站各月多年平均流量见表 5.2。从表 5.2 中看出，白云、舟曲、武都、碧口站 9 月多年平均流量占全年径流量比例最大，分别为 14.7%、14.3%、13.8%、14.0%，主汛期 6—9 月多年平均流量占全年径流量比例达到了一半左右，分别为 48.5%、53.1%、51.3%、52.0%，11 月至次年 3 月多年平均流量占全年径流量比例分别为 18.3%、

17.8％、18.4％、19.0％。白龙江干流代表站多年平均流量年内分配柱状图见图5.1。

表 5.2　　　　　白龙江干流各站各月多年平均流量统计表

站名	项目	流量												全年
		1月	2月	3月	4月	5月	6月	7月	8月	9月	10月	11月	12月	
白云	流量/(m³/s)	8.2	7.8	21.0	10.7	17.6	20.5	28.5	27.7	33.4	26.0	15.2	10.4	227
	百分比/％	3.6	3.4	9.3	4.7	7.7	9.0	12.6	12.2	14.7	11.4	6.7	4.6	100
舟曲	流量/(m³/s)	31.5	28.4	28.9	41.9	83	104	130	118	130	111	61.0	40.5	908
	百分比/％	3.5	3.1	3.2	4.6	9.1	11.4	14.3	13.1	14.3	12.2	6.7	4.5	100
武都	流量/(m³/s)	53.8	48.2	49.1	75.8	147	169	208	192	210	187	108	69.2	1518
	百分比/％	3.5	3.2	3.2	5.0	9.7	11.1	13.7	12.7	13.8	12.4	7.1	4.6	100
碧口	流量/(m³/s)	116	104	110	166	291	334	428	391	413	347	215	145	3061
	百分比/％	4	3	4	5	10	11	14	13	14	11	7	5	100

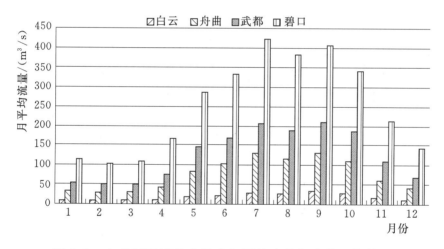

图 5.1　白龙江干流代表站多年平均流量年内分配柱状图

5.3　年际变化

　　白龙江干流从上游到下游依次有白云、舟曲、武都、碧口 4 个水文站控制，支流岷江、拱坝河、北峪河、让水河、白水江分别由宕昌、黄鹿坝、马街、草坝、文县水文站控制。点绘白龙江干流 4 站 1956—2015 年多年径流量变化过程线（见图 5.2）。

　　图中明显看出 4 站多年径流量变化趋势呈现出逐渐缓慢减少的趋势，上游白云和舟曲水文站逐年径流减少幅度比下游武都和碧口水文站小，趋势

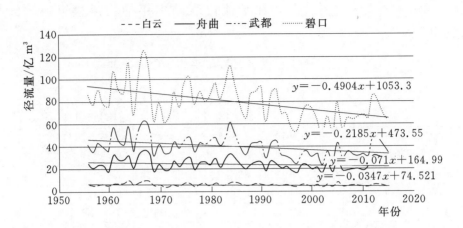

图 5.2 白龙江干流水文站历年径流量变化过程线图

方程的斜率依次为 -0.034、-0.065、-0.218、-0.490。支流各站历年径流量变化趋势方程汇总结果见表 5.3。

表 5.3 白龙江流域各站历年径流量变化趋势方程汇总表

序号	河名	站名	资料系列长度	趋势方程
1	白龙江	白云	1961—2015 年	$y=-0.034x+6.624$
2	白龙江	舟曲	1956—2015 年	$y=-0.065x+25.98$
3	白龙江	武都	1956—2015 年	$y=-0.218x+46.43$
4	白龙江	碧口	1956—2015 年	$y=-0.499x+94.48$
5	岷江	宕昌	1956—2015 年	$y=-0.058x+5.864$
6	拱坝河	黄鹿坝	1981—2015 年	$y=-0.057x+6.066$
7	北峪河	马街	1977—2015 年	$y=-0.003x+0.283$
8	让水河	草坝	1967—2015 年	$y=-0.004x+3.405$
9	白水江	文县	1991—2015 年	$y=-0.077x+30.01$

5.4 趋势变化

5.4.1 滑动平均法

主要针对历年径流量资料的年平均值，采用 10 年进行滑动平均，绘制曲线图，消除锯齿，可以直观对趋势做出上升或下降的分析。从图 5.3 中可

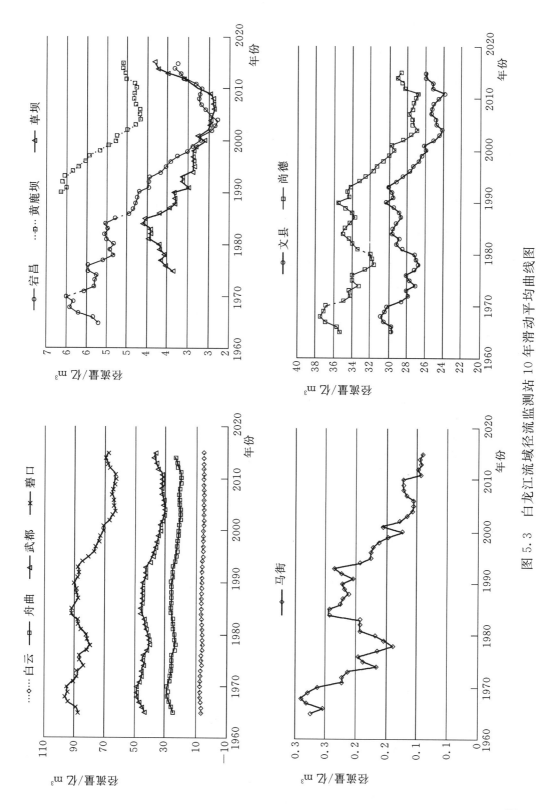

图 5.3 白龙江流域径流监测站 10 年滑动平均曲线图

以看出白龙江流域各径流监测站逐年径流量整体呈减少趋势，区间有微小增大趋势，但增大趋势不明显，而整体减少趋势比较显著。

5.4.2 肯德尔（Mann‒Kendall）秩次法

利用肯德尔秩次法对径流变化趋势显著程度进行分析，置信度 α 设为 0.05，如果计算 $U > U_{\alpha/2}$（即大于 1.96），说明突变性显著；如果 $U > 0$，趋势为上升，$U < 0$ 趋势为下降。通过计算得出各站点的多年径流量 U 值，并分析显著程度。统计结果见表 5.4，通过表中的数据可以看出白龙江流域径流整体呈减少趋势；整体减少趋势显著，部分支流减少趋势不显著。

表 5.4　　　　　　白龙江流域径流肯德尔秩次法计算成果表

站点	U 值	U 与 $U_{\alpha/2}$ 的关系	趋势	显著程度
白云	3.32	$U > U_{\alpha/2}$	下降	显著
舟曲	1.75	$U < U_{\alpha/2}$	下降	不显著
宕昌	5.40	$U > U_{\alpha/2}$	下降	显著
黄鹿坝	2.97	$U > U_{\alpha/2}$	下降	显著
马街	3.14	$U > U_{\alpha/2}$	下降	显著
武都	2.97	$U > U_{\alpha/2}$	下降	显著
文县	2.18	$U > U_{\alpha/2}$	下降	较显著
尚德	3.40	$U > U_{\alpha/2}$	下降	显著
草坝	0.87	$U < U_{\alpha/2}$	下降	不显著
碧口	3.79	$U > U_{\alpha/2}$	下降	显著

5.5　突变分析

5.5.1 累积距平法

经过计算并绘制白龙江流域径流多年累积距平曲线图（图 5.4），从图中可以得出白云、舟曲、宕昌、草坝站突变年份在 1985 年左右，武都、碧口、黄鹿坝、马街、文县、尚德站在 1993 年左右。

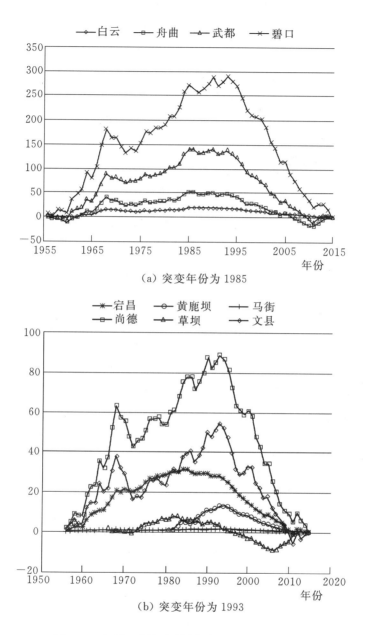

（a）突变年份为 1985

（b）突变年份为 1993

图 5.4 逐年平均流量累计滑动 t 检验曲线

5.5.2 滑动 t 检验法

通过滑动 t 检验，置信度 α 为 0.05，如果计算 $T > t_{\alpha/2}$（即大于 1.64），说明突变性显著。通过计算得出各站的逐年平均流量滑动 T 值和突变点年份，并分析显著程度，滑动 t 检验统计结果见表 5.5 和图 5.5。

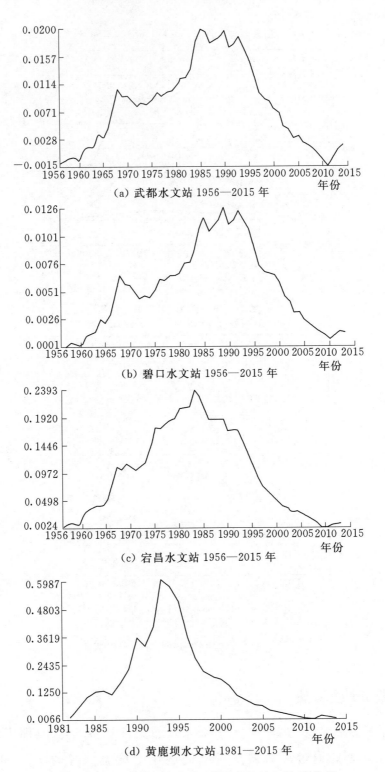

(a) 武都水文站 1956—2015 年

(b) 碧口水文站 1956—2015 年

(c) 宕昌水文站 1956—2015 年

(d) 黄鹿坝水文站 1981—2015 年

图 5.5 (一)　逐年平均流量累计滑动 t 检验曲线

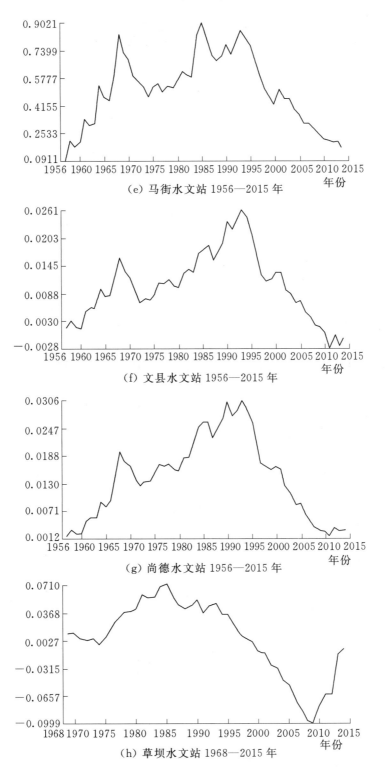

（e）马街水文站 1956—2015 年

（f）文县水文站 1956—2015 年

（g）尚德水文站 1956—2015 年

（h）草坝水文站 1968—2015 年

图 5.5（二） 逐年平均流量累计滑动 t 检验曲线

表 5.5　　　　　　　历年平均流量线性趋势分析统计表

站点	T 值	突变点年份	T 与 $t_{\alpha/2}$ 的关系	显著程度
白云	3.95	1986	$T>t_{\alpha/2}$	显著
舟曲	2.74	1985	$T>t_{\alpha/2}$	较显著
武都	4.56	1985	$T>t_{\alpha/2}$	显著
碧口	5.38	1990	$T>t_{\alpha/2}$	显著
宕昌	7.45	1984	$T>t_{\alpha/2}$	显著
黄鹿坝	6.5	1993	$T>t_{\alpha/2}$	显著
马街	3.35	1985	$T>t_{\alpha/2}$	显著
文县	3.47	1993	$T>t_{\alpha/2}$	显著
尚德	4.9	1993	$T>t_{\alpha/2}$	显著
草坝	2.11	1985	$T>t_{\alpha/2}$	较显著

5.6　季节变化

为了能够直观判断和比较各站径流的四季变化、汛期和非汛期变化，绘制四季径流变化统计直方图（图 5.6）。从图中可以看出夏季径流量最大，冬季径流量最小。白龙江从上游到下游各站的径流变化情况统计见表 5.6，白龙江干流从上游往下游径流沿程变化见图 5.7。

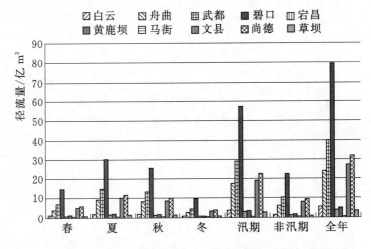

图 5.6　白龙江流域四季多年平均径流量统计图

表 5.6 是流域内各径流监测站多年平均四季径流量、汛期、非汛期、全年径流量统计表，其中合成是指支流和主流汇合的径流量，该表反映了白龙江从上游到下游的径流变化情况。

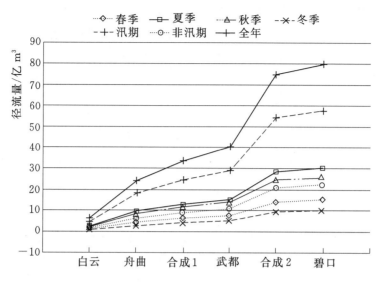

图 5.7 白龙江流域干流径流沿程变化统计图

表 5.6 白龙江流域多年平均流量统计表 单位：m³/s

序号	站点	春	夏	秋	冬	汛期	非汛期	全年
1	白云	0.949	2.01	1.98	0.7	4.02	1.59	5.58
2	舟曲	4.04	9.26	8.03	2.68	17.8	6.13	23.93
3	宕昌（支）	0.828	1.47	1.25	0.351	2.94	0.952	3.89
4	黄鹿坝（支）	1.04	1.81	1.62	0.665	3.52	1.61	5.03
5	马街（支）	0.016	0.076	0.053	0.002	0.133	0.013	0.15
6	**合成 1**	**5.924**	**12.616**	**10.953**	**3.698**	**24.393**	**8.705**	**33**
7	武都	7.115	14.96	13.4	4.56	29.2	10.7	39.82
8	文县（支）	5.09	10.13	8.94	3.57	19.4	8.2	27.2
9	尚德（支）	5.98	11.9	10.23	4.04	22.79	9.2	32.07
10	草坝（支）	0.639	1.48	1.064	0.331	2.73	0.757	3.29
11	**合成 2**	**13.734**	**28.34**	**24.694**	**8.931**	**54.72**	**20.657**	**75.18**
12	碧口	14.8	30.3	25.6	9.59	57.5	22.3	79.5

注 "合成 1"是由舟曲、宕昌、黄鹿坝、马街四站流量合成值；"合成 2"是由武都、尚德、草坝三站流量合成值。

从图 5.6 可以看出，由上游的白云站到下游的碧口站径流沿程呈递增变化，也可以看出夏季径流量最大，秋季径流量次之，冬季径流量最小，汛期径流量大于夏季径流量，非汛期径流量在春季和冬季径流量之间。

绘制白龙江干流白云、舟曲、武都、碧口 4 站和支流宕昌、黄鹿坝、马街、文县、尚德、草坝 6 站多年月平均径流量过程线（图 5.8）。从图中可以看出径流年内变化规律：1—7 月为上升趋势，7—12 月为下降趋势，7 月月平均流量最大；从而可以得出四季径流量变化趋势：春季到夏季为上升趋势，夏季到冬季为下降趋势，径流年内变化显著。

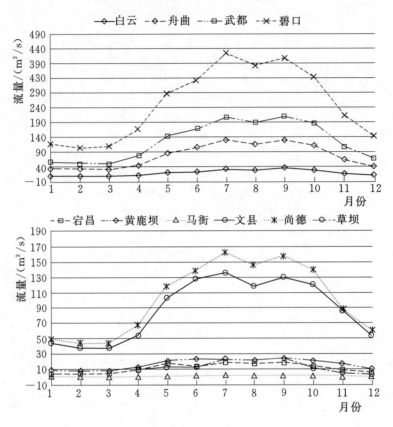

图 5.8　白龙江多年平均月径流量曲线图

5.7　不同年代径流量变化分析

对白龙江干流白云、舟曲、武都、碧口 4 个水文站分 1956—2015 年、1956—2000 年、2001—2015 年 3 个时段统计时段平均径流量，其成果见表 5.7。由表 5.7 可见，1956—2000 年白云、舟曲、武都、碧口 4 个水文站分别比历年均值偏大 3.9％、1.9％、3.8％、4.9％，2001—2015 年白云、舟曲、武都、碧口 4 个水文站分别比历年均值偏小 13.9％、7.1％、13.3％、19.7％，从而可以看出，年径流量的变化规律是 1956—2000 年时段平均年径流量均大于多年（1956—2015 年）平均年径流量，2001—2015 年时段平均年径流量均小于多年（1956—2015 年）平均年径流量。

表 5.7		白龙江干流控制站不同时段多年平均年径流量统计				
河名	站名	多年平均年径流量/亿 m³			各时段比较/%	
		1956—2015 年①	1956—2000 年②	2001—2015 年③	$\dfrac{②-①}{①}$	$\dfrac{③-①}{①}$
白龙江	白云	5.62	5.84	4.84	3.9	−13.9
	舟曲	23.97	24.43	22.26	1.9	−7.1
	武都	39.87	41.40	34.57	3.8	−13.3
	碧口	80.12	84.06	64.37	4.9	−19.7

5.8　未来年径流变化趋势预测

用历年径流变化趋势方程和加法模型两种方法对白龙江干流 4 站未来径流变化趋势进行预测。

5.8.1　径流变化趋势方程预测成果

用图 5.2 得出的白云、舟曲、武都、碧口 4 个水文站年径流多年变化趋势方程对白龙江干流 4 个控制站未来年径流变化趋势进行预测，预测结果见表 5.8。

表 5.8		白龙江干流控制站趋势法径流预测成果表					
站名	径流资料系列	径流趋势预测方程式	径流预测值/亿 m³				
			2015 年			2020 年	2025 年
			预测值	实测值	误差/%		
白云	1956—2013 年	$y=-0.033x+71.089$	4.61	3.374	26.8	4.444	4.28
舟曲	1956—2013 年	$y=-0.0783x+179.29$	21.55	22.17	−2.9	21.16	20.77
武都	1956—2013 年	$y=-0.2305x+497.27$	32.84	33.428	−1.8	31.69	30.54
碧口	1956—2013 年	$y=-0.5272x+1125.8$	63.48	63.22	0.4	60.84	58.20

5.8.2　加法模型预测成果

1. 加法预报模型原理

本次研究采用甘肃省水文水资源局研究开发的径流长期预报方法，即在数理统计原理的基础上，分析资料系列的长、中、短周期，并假定周期系列在未来很长时间内是不变化的，通过数学模拟的方法求出模型参数，然后用延长后的周期系列进行超长期预测。主要采用周期波均值外延叠加模型、谐波分析模型和逐步回归分析模型组合形成的加法模型进行分析预测。加法预报模型方程如下：

$$水文资料系列\ X_t = 跳跃成分\ T_t + 趋势成分\ Y_t + 周期成分\ N_t$$
$$+ 相依成分\ R_t + 随机成分\ E_t$$

2. 白龙江干流控制站年径流预测

下面以白龙江干流白云水文站年径流长期预报为例，对加法预报模型预测成果进行阐述。

（1）跳跃成分。经计算检验，原始资料系列从第 36 项数据开始发生跳跃，跳跃量为：-1.27。

（2）趋势成分。线性趋势方程为

$$y = -0.0015t + 4.895$$

（3）周期成分。在置信度 $\alpha = 0.05$ 的情况下，共识别出 5 个周期。各周期长度和周期波振幅统计见表 5.9。

表 5.9　　　　　　　　　不同周期长度和周期波振幅统计表

周期	第一周期		第二周期		第三周期		第四周期		第五周期	
长度/a	17		29		21		25		9	
周期波振幅	-0.304	-0.769	0.320	-0.158	-0.260	-0.119	0.137	-0.254	-0.193	-0.132
	0.244	0.022	-0.486	-0.751	-0.088	-0.032	-0.186	-0.293	0.146	0.330
	-0.198	0.457	0.500	-0.063	-0.651	0.091	-0.248	0.159	-0.027	0.293
	0.347	-0.409	0.078	0.801	-0.483	0.213	0.112	0.051	0.001	0.184
	1.777	-0.523	1.016	0.278	0.524	-0.02	0.152	-0.327	-0.040	
	0.125	1.426	1.003	0.415	0.584	0.352	0.210	0.284		
	1.186	-0.276	0.719	-0.121	0.647	0.186	0.029	-0.210		
	-0.871	-0.323	0.626	-1.388	0.259	-0.091	-0.275	-0.598		
	-0.899		-1.101	-1.323	-0.375	0.901	0.163	0.247		
			-0.058	0.193	-0.873	-0.292	0.205	0.687		
			1.830	-0.579	-1.032		0.041	-0.355		
			-0.025	0.653			0.378	-0.176		
			-0.494	-0.552			0.325			
			-0.108	-0.427						
			0.201							

（4）相依成分。采用改进后的自回归方程：

$$x_i = 0.0384x_{i-1} + 0.4792x_{i-2} + 0.0027$$

（5）白云站实测流量与拟合（预测）流量过程线对照见图5.9。

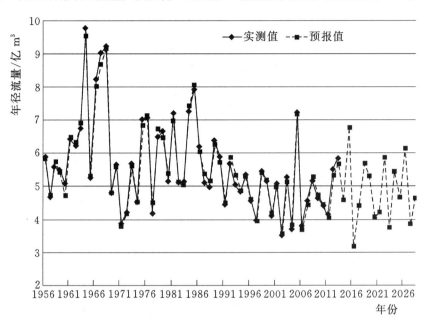

图5.9　白云站实测径流量与拟合（预测）径流量过程线对照图

5.8.3　径流预测方法及成果对比分析

用上述同样方法预测出白龙江干流舟曲、武都、碧口水文站2015年、2020年、2025年的年径流量。白龙江干流控制站加法模型径流预测成果见表5.10。

表5.10　　　　白龙江干流控制站加法模型径流预测成果表

站名	径流资料系列	2015年			2020年预测值/亿 m³	2025年预测值/亿 m³	预测误差/%
		预测值/亿 m³	实测值/亿 m³	误差/%			
白云	1956—2013年	6.80	3.374	26.8	4.09	4.65	−4.3～6.2
舟曲	1956—2013年	20.20	22.17	−2.9	20.80	28.50	−19.7～13.5
武都	1956—2013年	40.70	33.428	−1.8	40.60	43.60	−10.6～16.5
碧口	1956—2013年（1986年、2011—2012年缺测）	80.30	63.22	0.4	62.20	65.30	−5.4～10.5

对白龙江干流白云、舟曲、武都、碧口 4 个水文站径流变化趋势方程预测成果和加法模型预测成果进行比较,得出:径流变化趋势方程法只考虑了径流资料系列变化趋势,预测成果存在逐年减小的趋势,此法只注重了水文资料系列的连续性,而水文资料系列的周期性、随机性无法反映出来;加法模型径流预测方法不但考虑了径流资料系列的趋势成分,同时考虑了径流资料系列的周期成分、相依成分、跳跃成分和随机成分,预测模型具有一定的理论基础,且此法在黑河水量调度来水量预测中得到广泛应用并取得良好的效果。

5.9　小结

(1)通过对白龙江干流白云、舟曲、武都、碧口 4 个控制站 1956—2015 年的月年实测径流资料进行分析,发现白云、舟曲、武都、碧口 4 站的 9 月多年平均径流量占全年径流量比例最大,分别为 14.7%、14.3%、13.8%、14.0%;主汛期 6—9 月多年平均径流量占全年径流量比例达到了一半左右,分别为 48.5%、53.1%、51.3%、52.0%;11 月至次年 3 月多年平均径流量占全年径流量比例分别为 18.3%、17.8%、18.4%、19.0%。

(2)白龙江干流白云、舟曲、武都、碧口 4 站 1956—2015 年多年平径径流量变化趋势呈现出逐渐缓慢减少的趋势。上游白云和舟曲水文站逐年径流减少幅度比下游武都和碧口水文站小,下游武都、碧口站逐年减少趋势明显,趋势方程的斜率依次为 −0.034、−0.065、−0.218、−0.490。支流宕昌、黄鹿坝、马街、草坝、文县 5 个水文站历年径流量变化趋势方程斜率分别为 −0.058、−0.057、−0.003、−0.004、−0.077。

(3)用线性趋势法、滑动平均法、肯德尔(Mann-Kendall)秩次法进行趋势分析,得出:白龙江流域径流整体呈减少趋势,整体减少趋势显著,区间有微小增大趋势,但增大趋势不明显,部分支流减少趋势不显著。

(4)用累积距平法、滑动 t 检验法进行突变分析,得出白云、舟曲、宕昌、草坝 4 个径流监测站历年径流系列发生突变年份在 1985 年左右,武都、碧口、黄鹿坝、马街、文县、尚德 6 个径流监测站历年径流系列发生突变年份在 1993 年左右。

(5)白龙江流域径流季节变化表现为夏季径流量最大,秋季径流量次之,冬季径流量最小,汛期径流量大于夏季径流量,非汛期径流量在春季和冬季径流量之间。

（6）通过不同年代径流量变化分析，得出：1956—2000 年白云、舟曲、武都、碧口 4 个水文站分别比历年均值偏大 3.9%、1.9%、3.8%、4.9%；2001—2015 年，分别比历年均值偏小 13.9%、7.1%、13.3%、19.7%。

（7）用线性趋势法和加法模型径流预报方法对白龙江干流未来径流量进行预测，结果表明：白云水文站 2015—2025 年总体表现为逐年减少，期间呈"增大-减小-增大"的锯齿形变化过程；舟曲水文站 2015—2025 年表现为逐年缓慢增大；武都水文站 2015—2020 年逐年缓慢减少，2021—2025年逐年缓慢增大；碧口水文站呈现逐年缓慢减少的变化趋势。

第6章　径流对气候变化的响应研究

根据水文学理论，在流域覆被条件和气候条件不变的情况下流域水文模型或降水径流关系应当是相对稳定的，且径流系数随着降水的减少而减小，随着降水的增多而增大。基于水文学的这种基本理论，在分析径流对气候变化的响应时，建立不同降水、气温和蒸发扰动条件下的水文数学模型进行模拟研究。

6.1　建立水文数学模型

假定流域气候过程不存在趋势性变化，建立流域年降水径流基本模型，即

$$R = f(P)$$

式中：R 为年径流深；P 为年平均降水量。

该模型为基本流域水文模型，在实际应用时，根据具体情况选用不同参数建立不同数学模型进行分析。

按照一般流域超渗产流的水文规律，年降水量与径流量的关系属线性关系，据此，应用年降水量与径流深建立数学模型（M1）为：

$$R = aP + m \tag{M1}$$

式中：R 为年径流深；P 为年平均降水量；a、m 为参数。

在流域覆被条件和气候条件不变的情况下，降水径流关系是相对稳定的，降水径流系数是一个确定的值，因此，用年降水量与径流深的比值的平均值，即多年平均降水径流系数，来反映降水径流关系（M2）：

$$R = aP \tag{M2}$$

式中：R 为年径流深；P 为年平均降水量；a 为径流系数。

为进一步研究年径流深与年降水量、汛期降水量、前期降水量的关系，建立数学模型（M3）：

$$R = aP + bP_x + cP_{pre} \tag{M3}$$

式中：R 为年径流深；P 为年平均降水量；P_x 为汛期（6—9月）年平均降水量；P_{pre} 为前期（10—12月）年平均降水量；a、b、c 为参数。

考虑气候要素影响，将气温、蒸发量作为模型重要因子纳入计算，建立流域气候水文模型：

$$R = f(P, T, E)$$

流域气候水文模型能够比较真实地描述流域降水径流过程，较为清晰地反映出气温、蒸发在降水产流过程中的扰动作用。在实际应用时，根据具体情况选用不同参数，建立不同条件下的流域气候水文模型（M4～M6）进行扰动分析。

$$R = aP + bT + cE \tag{M4}$$

$$R = aP + b(T - T_i) + c(E - E_i) \tag{M5}$$

$$R = aP^b + c(T - T_i) + d(E - E_i) \tag{M6}$$

式中：R 为年径流深；P 为流域面平均多年平均降水量；T 为年平均气温；T_i 为多年平均气温；E 为年平均蒸发量；E_i 为多年平均蒸发量；a、b、c、d 为参数。

应用逐年实测降水、气温、蒸发资料分别代入上述 M1～M6 模型中，假定不同的 a、b、c、d、m 参数，计算出模拟径流量与实测径流量相关，采用最小二乘法即可求出最佳参数。计算推求过程全部采用 R 语言编程实现，R 语言是当今使用最为广泛的统计计算和制图开源自由软件。

6.2 模拟结果及分析

6.2.1 岷江小流域

选取岷江小流域代表站宕昌水文站系列资料进行计算，取宕昌水文站 1956—2010 年径流量数据资料，对降水、气温、蒸发数据推算还原成长系列后进行初步分析，并预留 2011—2015 年数据验证模型精度。

从图 6.1 可知，径流量数据的 Q-Q 正态分布图和密度直方图不满足正态性分布特征，自相关图拖尾严重，说明数据需要进行处理。同理对降水等系列资料进行处理，然后依次计算模型参数，得到数学模型如下：

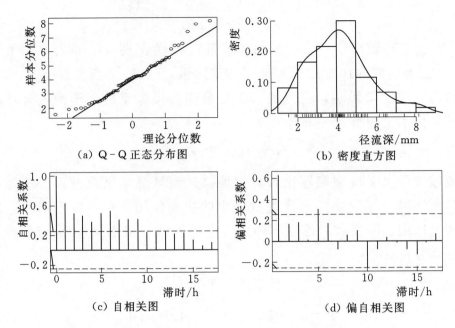

图 6.1　岷江小流域宕昌水文站年径流深资料初步分析

M1 模型：
$$R_{宕}=0.8706P-182.803 \tag{6.1}$$

M2 模型：
$$R_{宕}=0.5618P \tag{6.2}$$

M3 模型：
$$R_{宕}=0.1313P+3.0839P_{x}-1.0148P_{pre} \tag{6.3}$$

应用 M1～M3 模型对岷江小流域年径流过程进行模拟。从图 6.2 可以

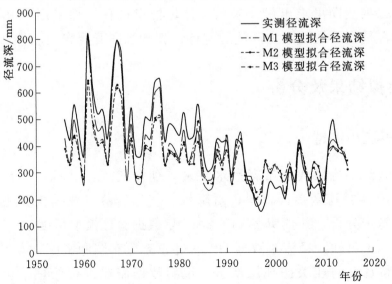

图 6.2　岷江小流域 M1～M3 模型模拟年径流量过程

看出，模拟过程与实测过程趋势一致，总体上，M1 模型拟合程度较好，变化趋势也更加接近实测过程。

M1～M3 模型模拟岷江小流域径流成果见表 6.1，模拟年径流量年代占比柱状图见图 6.3。

表 6.1　　　　　　　岷江小流域水文模型径流影响成果表

时段	实测值 /(m³/s)	M1 模型			M2 模型			M3 模型		
		模拟值 /(m³/s)	平均差值 /(m³/s)	相对误差 /%	模拟值 /(m³/s)	平均差值 /(m³/s)	相对误差 /%	模拟值 /(m³/s)	平均差值 /(m³/s)	相对误差 /%
1961—1970 年	601	553	−47	−10	475	−126	−27	466	−134	−29
1971—1980 年	482	408	−74	−16	381	−101	−22	374	−108	−24
1981—1990 年	420	355	−65	−14	347	−73	−16	351	−69	−15
1991—2000 年	269	291	23	5	306	37	8	301	32	7
2001—2010 年	266	298	32	7	310	44	10	289	24	5
平均值	411	385	−29	−6	366	−47	−10	369	−53	−12

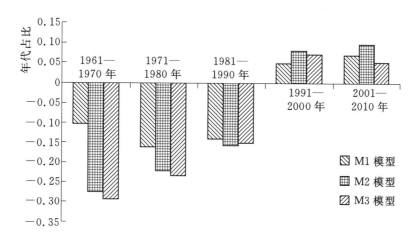

图 6.3　岷江小流域 M1～M3 模型模拟年径流量年代占比柱状图

分不同年代对比分析（表 6.1）：

M1 模型 1961—1970 年模拟结果偏小 10%，1971—1980 年模拟结果偏小 16%，1981—1990 年模拟结果偏小 14%，1991—2000 年模拟结果偏大 5%，2001—2010 年模拟结果偏大 7%，整体模拟只偏小 6%。

M2 模型 1961—1970 年模拟结果偏小 27%，1971—1980 年模拟结果偏小 22%，1981—1990 年模拟结果偏小 16%，1991—2000 年模拟结果偏大

8％，2001—2010 年模拟结果偏大 10％，整体模拟只偏小 10％。

M3 模型 1961—1970 年模拟结果偏小 29％，1971—1980 年模拟结果偏小 24％，1981—1990 年模拟结果偏小 15％，1991—2000 年模拟结果偏大 7％，2001—2010 年模拟结果偏大 5％，整体模拟只偏小 12％。

为了对比模型模拟结果与实测值的相关性，采用相对误差、确定系数 R^2（也叫可决系数、无量纲）、可调系数 adj－R^2（无量纲）、赤池信息量准则 AIC（无量纲）、贝叶斯信息量准则 BIC（无量纲）和标准残差（无量纲）6 个精度标准来表征模型的拟合优度。

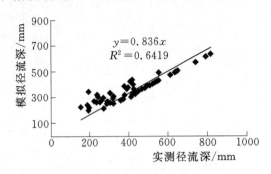

图 6.4 岷江小流域实测径流深与 M3 模型拟合值的相关性

表 6.2 给出了三种模型模拟结果与实测值的相关性，对比三个模型，M1 模型误差最小，但 M3 模型相关性最好，AIC 检测结果也最佳，故可采用 M3 模型作为基本流域水文模型。M3 模型也较好地说明了汛期降水对径流影响较大。图 6.4 给出了实测径流深与 M3 模型模拟值的相关关系。

表 6.2 岷江小流域 M1～M3 模型精度分析表

精度标准	M1 模型	M2 模型	M3 模型
误差	4.59	5.38	7.93
R^2	0.652	0.964	0.972
adj－R^2	0.640	0.963	0.969
AIC	367	372	356
BIC	371	375	362
标准残差	59	65	58

将 2011—2015 年实测降水带入模型，验证模型精度（表 6.3 和图 6.5）；精度采用 GB/T 22482—2008《水文情报预报规范》的确定性系数进行评价。评价结果显示，M3 模型确定性系数最大，若采用 M3 模型作为预报方案，则模型有效性为乙等。

表 6.3	岷江小流域水文模型拟合精度						
年份	实测值 /(m³/s)	M1 模型		M2 模型		M3 模型	
		拟合值 /(m³/s)	误差 /%	拟合值 /(m³/s)	误差 /%	拟合值 /(m³/s)	误差 /%
2011	391	369	5.5	356	8.9	369	5.6
2012	495	397	19.9	389	21.4	420	15.2
2013	397	377	5.1	377	5.1	402	−1.1
2014	375	393	−4.7	365	2.8	383	−2.0
2015	322	351	−9.2	345	−7.2	311	3.3
确定性系数		0.626		0.644		0.816	

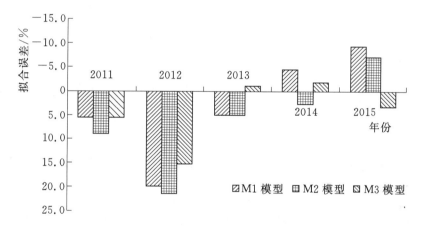

图 6.5 岷江小流域 M1～M3 模型拟合误差柱状图

将气温、蒸发量因子纳入计算，同时选择宕昌（本站）、阿坞、理川、南河、花儿滩、三盘子、扎峪 7 个配套雨量站同步系列降水量数据计算岷江小流域面平均年降水量，建立扰动模型如下：

M4 模型：
$$R_{宕} = 0.3461P + 70.9557T - 0.4403E \tag{6.4}$$

M5 模型：
$$R_{宕} = 0.7159P + 51.6765 \times (T - 11.2)$$
$$- 0.2459 \times (E - 1307) \tag{6.5}$$

M6 模型：
$$R_{宕} = 4.7167P^{0.704609} + 44.9669 \times (T - 11.2)$$
$$- 0.0984 \times (E - 1307) \tag{6.6}$$

从模型参数来看，降水、气温参数值均大于 0，表明降水、气温对产流过程的正效应，而气温参数值又明显大于降水和蒸发的参数值，表明岷江流域降水产流受气温影响显著；蒸发参数值全部为负值，表明蒸发影响不显著。

应用 M4~M6 三个模型对岷江小流域的年径流过程进行模拟，从图 6.6 可以看出，模拟过程与实测过程趋势一致，总体上，M6 模型拟合程度较好，变化趋势也更加接近实测过程。

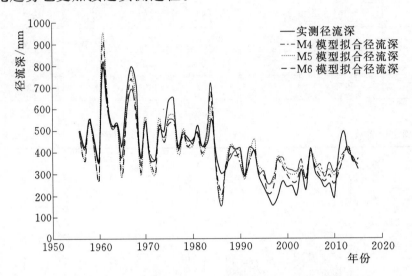

图 6.6　岷江小流域 M4~M6 模型模拟年径流量过程

M4~M6 模型模拟岷江小流域径流成果见表 6.4，模拟年径流量年代占比柱状图见图 6.7。

表 6.4　　　　　　　岷江小流域 M4~M6 模型径流影响成果表

时　段	实测值 /(m³/s)	M4 模型			M5 模型			M6 模型		
		模拟值 /(m³/s)	平均差值 /(m³/s)	误差 /%	模拟值 /(m³/s)	平均差值 /(m³/s)	误差 /%	模拟值 /(m³/s)	平均差值 /(m³/s)	误差 /%
1961—1970 年	601	558	−43	−9	577	−24	−5	579	−22	−5
1971—1980 年	482	469	−13	−3	443	−38	−8	448	−34	−7
1981—1990 年	420	403	−17	−4	412	−8	−2	399	−21	−5
1991—2000 年	269	323	54	12	328	59	13	329	60	13
21 世纪前 10 年	266	328	62	14	303	38	8	320	54	12
平均值	411	415	4	1	408	−2	−1	411	0	0.1

分不同年代对比分析（表 6.4）：

M4 模型 1961—1970 年模拟结果偏小 9%，1971—1980 年模拟结果偏小 3%，1981—1990 年模拟结果偏小 4%，1991—2000 年模拟结果偏大 12%，2001—2010 年模拟结果偏大 14%，整体模拟只偏大 1%。

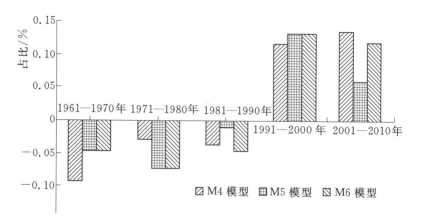

图 6.7　岷江小流域 M4～M6 模型模拟年径流量年代占比柱状图

M5 模型 1961—1970 年模拟结果偏小 5%，1971—1980 年模拟结果偏小 8%，1981—1990 年模拟结果偏小 2%，1991—2000 年模拟结果偏大 13%，2001—2010 年模拟结果偏大 8%，整体模拟只偏大 1%。

M6 模型 1961—1970 年模拟结果偏小 5%，1971—1980 年模拟结果偏小 7%，1981—1990 年模拟结果偏小 5%，1991—2000 年模拟结果偏大 13%，2001—2010 年模拟结果偏大 12%，整体模拟近似实测，偏大 0.1%。

表 6.5 给出了三种模型模拟结果与实测值的相关性，对比三个模型，M6 模型误差最小，相关性最好，AIC 检测结果也最佳，故可采用 M6 模型作为流域气候水文模型。图 6.8 给出了实测径流深与 M6 模型模拟值的相关关系，明显可以看出 M6 模型相关系数较 M3 模型有所提高。

表 6.5　　　　　　　　岷江小流域 M4～M6 模型精度分析表

精度标准	M4 模型	M5 模型	M6 模型
误差	6.25	2.28	4.65
R^2	0.977	0.977	0.999
adj$-R^2$	0.976	0.975	0.998
AIC	682	675	672
BIC	690	683	679
标准残差	68	68	66

将 2011—2015 年实测降水带入模型，评价模型精度（表 6.6 和图 6.9），结果显示，M6 模型确定性系数最大，若采用 M6 模型作为预报方案，则模型有效性为乙等。

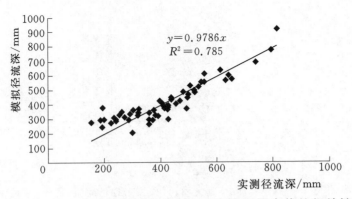

图 6.8　岷江小流域实测径流深与 M6 模型拟合值的相关性

表 6.6　　　　　　　　　　岷江小流域 M4～M6 模型拟合精度

年份	实测值 /(m³/s)	M4 模型		M5 模型		M6 模型	
		拟合值 /(m³/s)	误差 /%	拟合值 /(m³/s)	误差 /%	拟合值 /(m³/s)	误差 /%
2011	391	349	−10.9	305	−22.0	321	−17.9
2012	495	394	−20.5	382	−22.9	374	−24.4
2013	397	410	3.1	434	9.1	420	5.8
2014	375	372	−0.9	354	−5.6	360	−4.2
2015	322	344	7.0	370	15.0	370	14.9
确定性系数		0.801		0.807		0.825	

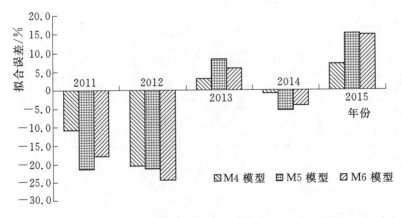

图 6.9　岷江小流域 M4～M6 模型拟合误差柱状图

　　绘制 M3 模型、M6 模型径流量双累积曲线（图 6.10），两个曲线的相关系数均在 0.99 以上，表明基本流域水文模型 M3 和流域气候水文模型 M6 都能较好地模拟流域径流，其中 M6 模型拟合结果更优。

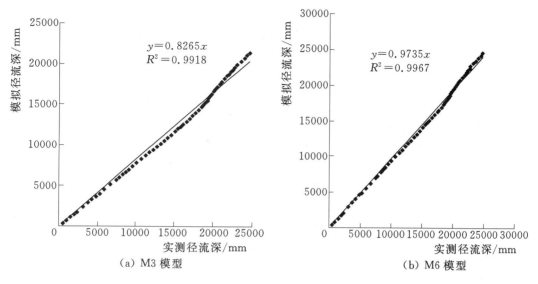

（a）M3 模型 　　　　　　　　　　　　（b）M6 模型

图 6.10　岷江小流域宕昌水文站实测与模拟径流量双累积曲线图

6.2.2　拱坝河小流域

选取拱坝河小流域代表站黄鹿坝水文站系列资料进行计算，取武都水文站 1956—2010 年径流数据资料，对黄鹿坝水文站径流、降水、蒸发数据长系列进行初步分析（图 6.11），并预留 2011—2015 年数据验证模型精度。

从图 6.11 可知，径流量数据的 Q-Q 正态分布图和密度直方图不满足正态性分布特征，自相关显示有拖尾，对数据进行处理后依次计算模型参数，得到数学模型如下：

M1 模型：

$$R_{黄}=0.5439P+133.7842 \tag{6.7}$$

M2 模型：

$$R_{黄}=0.063P \tag{6.8}$$

M3 模型：

$$R_{黄}=0.9423P-0.5173P_{x}-1.7857P_{pre} \tag{6.9}$$

应用 M1~M3 模型对拱坝河小流域的年径流过程进行模拟，从图 6.12 可以看出，模拟过程与实测过程趋势一致，总体上，M3 模型拟合程度较好，变化趋势也更加接近实测过程。

表 6.7 给出了三种模型模拟结果与实测值的相关性，对比三个模型，M1 模型和 M2 模型相关性最好，但 M3 模型误差最小，AIC 检测结果也最佳，故可采用 M3 模型作为基本流域水文模型。M3 模型说明了年降水量是影响拱坝河小流域年径流的主要因素。图 6.13 给出了实测径流深与 M3 模型模拟值的相关关系。

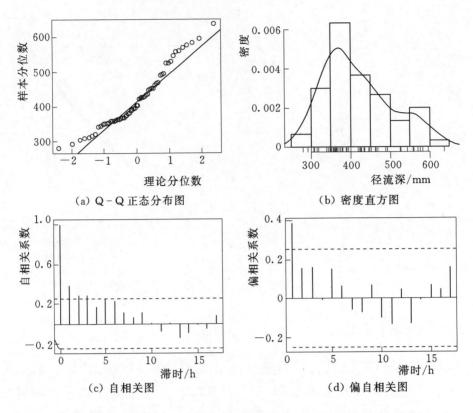

(a) Q-Q 正态分布图　　　　(b) 密度直方图

(c) 自相关图　　　　(d) 偏自相关图

图 6.11　拱坝河小流域黄鹿坝水文站年径流深资料初步分析

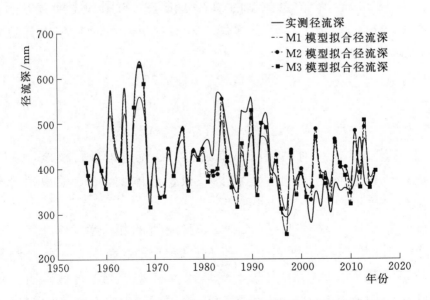

图 6.12　拱坝河小流域 M1～M3 模型模拟年径流量过程

表 6.7　　　　拱坝河小流域 M1～M3 模型精度分析表

精度标准	M1 模型	M2 模型	M3 模型
误差	0.86	0.36	0.24
R^2	0.299	0.970	0.971
$\text{adj}-R^2$	0.276	0.969	0.968
AIC	401	402	394
BIC	406	405	400
标准残差	70	73	74

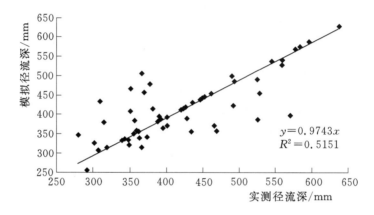

$$y=0.9743x$$
$$R^2=0.5151$$

图 6.13　拱坝河小流域实测径流深与 M3
模型拟合值的相关性

分不同年代对比分析（表 6.8），M1 模型 1961—1970 年模拟结果偏小 6%，1971—1980 年模拟结果偏小 1%，1981—1990 年模拟结果偏小 16%，1991—2000 年模拟结果偏大 3%，2001—2010 年模拟结果偏大 16%，整体模拟只偏小 1%。

M2 模型 1961—1970 年模拟结果偏小 1%，1971—1980 年模拟结果偏小 1%，1981—1990 年模拟结果偏小 16%，1991—2000 年模拟结果偏大 1%，2001—2010 年模拟结果偏大 13%，整体模拟只偏小 1%。

M1～M3 模型模拟拱坝河小流域径流成果见表 6.8，模拟年径流量年代占比柱状图见图 6.14。

M3 模型 1961—1970 年模拟结果偏小 1%，1971—1980 年模拟结果偏小 1%，1981—1990 年模拟结果偏小 15%，1991—2000 年模拟结果偏大 1%，2001—2010 年模拟结果偏大 11%，整体模拟只偏小 1%。

表 6.8 　　　　　　　　　　拱坝河小流域水文模型径流影响成果表

时　段	实测值 /(m³/s)	M1 模型			M2 模型			M3 模型		
		模拟值 /(m³/s)	平均差值 /(m³/s)	误差 /%	模拟值 /(m³/s)	平均差值 /(m³/s)	误差 /%	模拟值 /(m³/s)	平均差值 /(m³/s)	误差 /%
1961—1970 年	491.81	462.67	−29.13	−6	487.56	−4.25	−1	484.84	−6.97	−1
1971—1980 年	415.02	411.32	−3.70	−1	411.43	−3.58	−1	409.14	−5.88	−1
1981—1990 年	492.12	413.62	−78.50	−16	414.84	−77.28	−16	417.51	−74.61	−15
1991—2000 年	382.94	394.60	11.66	3	386.64	3.70	1	385.09	2.15	1
2001—2010 年	341.64	394.83	53.19	16	386.99	45.35	13	379.97	38.33	11
平均值	419.48	414.31	−5.18	−1	415.86	−3.62	−1	413.44	−6.05	−1

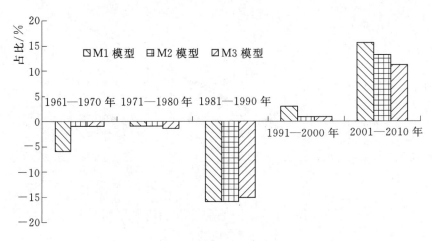

图 6.14　M1～M3 模型模拟拱坝河小流域年径流量年代占比柱状图

将 2011—2015 年实测降水带入模型，验证模型精度（表 6.9 和图 6.15）。精度采用 GB/T 22482—2008《水文情报预报规范》的确定性系数进行评价。评价结果显示，M3 模型确定性系数最大。若采用 M3 模型作为预报方案，则模型有效性为丙级。

将气温、蒸发量因子纳入计算，同时选择黄鹿坝（本站）、沙滩、铁坝 3 个配套雨量站同步系列降水量数据计算拱坝河小流域面平均年降水量，建立扰动模型如下：

M4 模型：　　$R_{黄} = 0.08543P + 2.4582T + 0.23871E$ 　　　　　(6.10)

M5 模型：$R_{黄} = 0.7863P − 97.088 \times (T − 14.8) + 0.0002605 \times (E − 1414)$

(6.11)

M6 模型：　$R_{黄} = 172.0281P^{0.143} − 75.2438 \times (T − 14.8)$

$$+ 0.1285 \times (E − 1414)$$ 　　　　　(6.12)

表 6.9　　　　　　　　　　拱坝河小流域水文模型拟合精度

年份	实测值/(m³/s)	M1 模型		M2 模型		M3 模型	
		拟合值/(m³/s)	误差/%	拟合值/(m³/s)	误差/%	拟合值/(m³/s)	误差/%
2011	378	459	22	482	28	479	26.97
2012	468	397	−15	390	−17	359	−23.42
2013	366	465	27	491	34	506	38.01
2014	359	380	6	365	2	359	−0.17
2015	390	399	2	393	1	394	1.07
确定性系数		0.571		0.587		0.592	

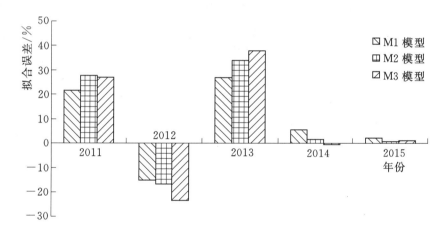

图 6.15　拱坝河小流域 M1～M3 模型拟合误差柱状图

从模型参数来看，降水参数值大于 0，表明降水、蒸发对拱坝河小流域产流过程呈正效应，而气温参数值较大，表明拱坝河小流域产流受气温影响显著，蒸发参数值较小，表明蒸发对径流影响微弱。

应用 M4～M6 三个模型对拱坝河小流域的年径流过程进行模拟，从图 6.16 可以看出，模拟过程与实测过程趋势一致，总体上，M6 模型拟合程度较好，变化趋势也更接近实测过程。

表 6.10 给出了三种模型模拟结果与实测值的相关性，对比三个模型，M6 模型误差最小，相关性最好，AIC 检测结果也最佳，故可采用 M6 模型作为流域气候水文模型。图 6.17 给出了实测径流量与 M6 模型模拟径流量的相关关系，明显可以看出 M6 模型相关系数较 M3 模型有所提高。

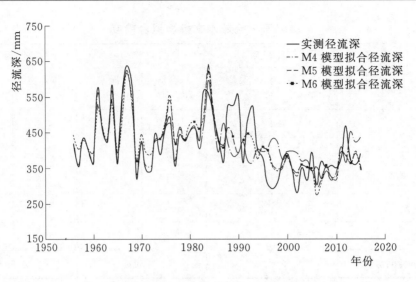

图 6.16　M4～M6 模型模拟拱坝河小流域年径流量过程

表 6.10　拱坝河小流域 M4～M6 模型精度分析表

精度标准	M4 模型	M5 模型	M6 模型
误差	1.71	2.14	1.27
R^2	0.979	0.964	0.999
adj—R^2	0.978	0.962	0.998
AIC	674	706	644
BIC	682	714	655
标准残差	64	83	50

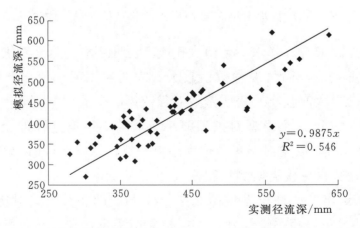

图 6.17　拱坝河小流域实测径流深与 M6 模型拟合值的相关性

分不同年代对比分析（表 6.11）：

M4 模型 1961—1970 年模拟结果偏小 2%，1971—1980 年模拟结果偏大 1%，1981—1990 年模拟结果偏小 9%，1991—2000 年模拟结果偏大 4%，2001—2010 年模拟结果偏大 3%，整体模拟结果在误差正常范围内。

M5 模型 1961—1970 年模拟结果偏小 4%，1971—1980 年模拟结果偏大 12%，1981—1990 年模拟结果偏小 13%，1991—2000 年模拟结果偏小 8%，2001—2010 年模拟结果偏大 1%，整体模拟只偏小 3%。

M6 模型 1961—1970 年模拟结果偏小 2%，1971—1980 年模拟结果偏大 7%，1981—1990 年模拟结果偏小 5%，1991—2000 年模拟结果偏大 3%，2001—2010 年模拟结果偏小 3%，整体模拟结果在误差正常范围内。

M4～M6 模型模拟拱坝河小流域径流成果见表 6.11，模拟年径流量年代占比柱状图见图 6.18。

表 6.11　　　　拱坝河小流域气候水文模型径流影响成果表

时　　段	实测值 /(m³/s)	M4 模型			M5 模型			M6 模型		
		模拟值 /(m³/s)	平均差值 /(m³/s)	误差 /%	模拟值 /(m³/s)	平均差值 /(m³/s)	误差 /%	模拟值 /(m³/s)	平均差值 /(m³/s)	误差 /%
1961—1970 年	491.81	482.43	−9.4	−2	470.96	−20.9	−4	483.27	−8.5	−2
1971—1980 年	415.02	420.19	5.2	1	463.73	48.7	12	444.73	29.7	7
1981—1990 年	492.12	448.70	−43.4	−9	430.06	−62.1	−13	468.97	−23.1	−5
1991—2000 年	382.94	398.73	15.8	4	350.94	−32.0	−8	392.61	9.7	3
2001—2010 年	341.64	353.43	11.8	3	346.00	4.4	1	331.29	−10.4	−3
平均值	419.48	418.26	−1.2	0	407.55	−11.9	−3	419.47	0.0	0

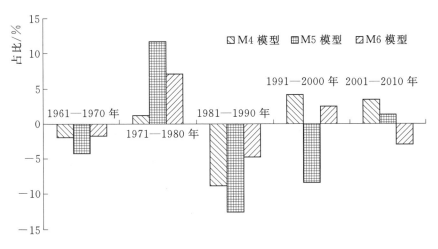

图 6.18　M4～M6 模型模拟拱坝河小流域年径流量年代占比柱状图

将 2011—2015 年实测降水带入模型，评价模型精度（表 6.12 和图 6.19），结果显示，M6 模型确定性系数最大，若采用 M6 模型作为预报方案，则模型有效性为丙级。

表 6.12　　　　　　　　　拱坝河小流域水文模型拟合精度

年份	实测值 /(m³/s)	M4 模型		M5 模型		M6 模型	
		拟合值 /(m³/s)	误差 /%	拟合值 /(m³/s)	误差 /%	拟合值 /(m³/s)	误差 /%
2011	378	408	8	333	−12	396	5
2012	468	363	−23	379	−19	384	−18
2013	366	451	23	414	13	362	−1
2014	359	423	18	413	15	397	10
2015	390	435	12	402	3	346	−11
确定性系数		0.566		0.595		0.685	

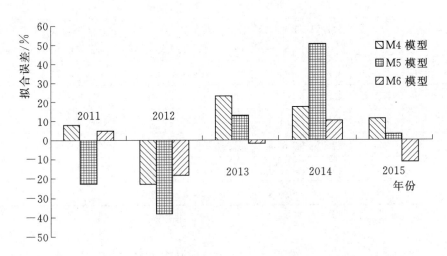

图 6.19　拱坝河小流域 M4～M6 模型拟合误差柱状图

绘制 M3 模型、M6 模型径流量双累积曲线（图 6.20），可以看出两个曲线的相关系数均在 0.99 以上，表明基本流域水文模型 M3 和流域气候水文模型 M6 都能较好地模拟流域径流，其中 M6 模型拟合结果更优。

6.2.3　白水江小流域

选取白水江小流域代表站文县水文站系列资料进行计算，取文县水文站 1956—2010 年径流量数据资料，对降水、气温、蒸发数据长系列进行初步分析（图 6.21），并预留 2011—2015 年数据验证模型精度。

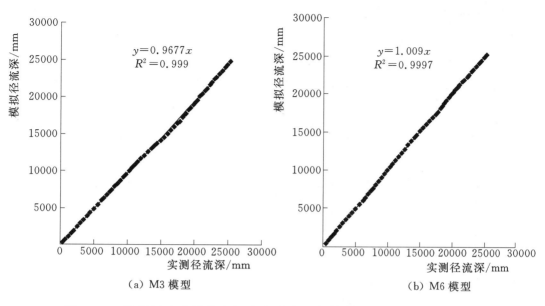

（a）M3 模型   （b）M6 模型

图 6.20　拱坝河小流域黄鹿坝水文站实测与模拟径流量双累积曲线图

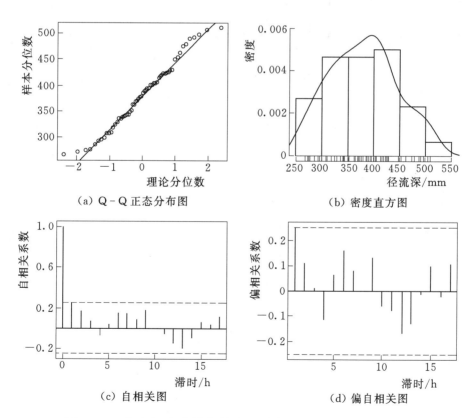

（a）Q-Q 正态分布图   （b）密度直方图

（c）自相关图   （d）偏自相关图

图 6.21　白水江小流域文县水文站年径流深资料初步分析

从图 6.21 可知，径流量数据的 Q-Q 正态分布图和密度直方图不满足正态性分布特征，自相关显示有一阶相关，对数据进行处理后，依次计算模型参数，得到数学模型如下：

M1 模型：$\qquad R_{\text{文}} = 0.2027P + 266.0973$ （6.13）

M2 模型：$\qquad R_{\text{文}} = 0.8239P$ （6.14）

M3 模型：$\qquad R_{\text{文}} = 1.417P - 1.031P_{\text{x}} + 1.666P_{\text{pre}}$ （6.15）

应用 M1～M3 三个模型对白水江小流域的年径流过程进行模拟，从图 6.22 可以看出，模拟过程与实测过程趋势一致，总体上，M3 模型拟合程度较好，变化趋势也更加接近实测过程。

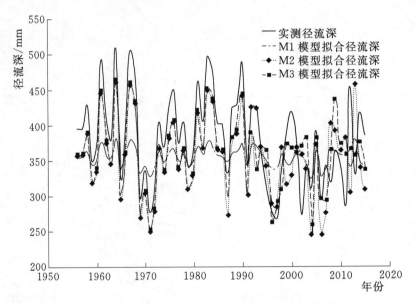

图 6.22　白水江小流域 M1～M3 模型模拟年径流量过程

表 6.13 给出了三种模型模拟结果与实测值的相关性，对比三个模型，M1 模型误差最小，但 M3 模型相关性最好，AIC 检测结果也最佳，故可采用 M3 模型作为基本流域水文模型。M3 模型说明了年降水量和前期降水量对年径流影响较大。图 6.23 给出了实测径流深与 M3 模型模拟值的相关关系。

表 6.13　　　　白水江小流域 M1～M3 模型精度分析表

精度标准	M1 模型	M2 模型	M3 模型
误差	4.90	5.69	4.95
R^2	0.067	0.967	0.981

续表

精度标准	M1 模型	M2 模型	M3 模型
adj$-R^2$	0.026	0.965	0.978
AIC	272	283	263
BIC	276	285	268
标准残差	52	66	53

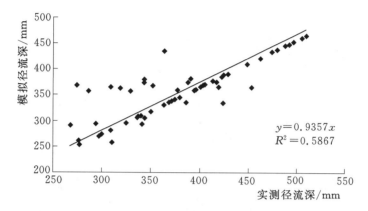

图 6.23　白水江小流域实测径流深与 M3
模型拟合值的相关性

M1~M3 模型模拟白水江小流域径流成果见表 6.14，模拟年径流量年代占比柱状图见图 6.24。

表 6.14　　　白水江小流域水文模型径流影响成果表

时　段	实测值 /(m³/s)	M1 模型			M2 模型			M3 模型		
		模拟值 /(m³/s)	平均差值 /(m³/s)	误差 /%	模拟值 /(m³/s)	平均差值 /(m³/s)	误差 /%	模拟值 /(m³/s)	平均差值 /(m³/s)	误差 /%
1961—1970 年	412.91	358.00	−54.91	−13	373.56	−39.35	−10	377.04	−35.87	−9
1971—1980 年	371.24	348.73	−22.51	−6	335.86	−35.38	−10	338.99	−32.25	−9
1981—1990 年	428.71	361.52	−67.19	−16	387.86	−40.85	−10	391.47	−37.24	−9
1991—2000 年	354.09	351.02	−3.08	−1	345.17	−8.92	−3	337.10	−17.00	−5
2001—2010 年	335.61	348.84	13.23	4	336.32	0.71	0	351.74	16.12	5
平均值	380.63	353.59	−27.04	−7	355.61	−25.02	−7	358.80	−21.83	−6

分不同年代对比分析（表 6.14）：

M1 模型 1961—1970 年模拟结果偏小 13％，1971—1980 年模拟结果偏

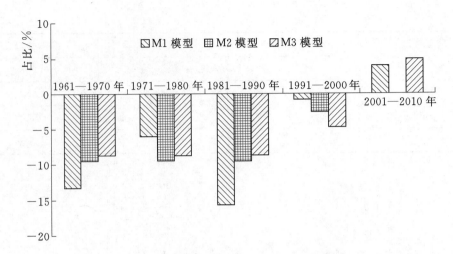

图 6.24　M1～M3 模型模拟白水江小流域年径流量年代占比柱状图

小 6%，1981—1990 年模拟结果偏小 16%，1991—2000 年模拟结果偏小 1%，2001—2010 年模拟结果偏大 4%，整体模拟只偏小 7%。

M2 模型 1961—1970 年模拟结果偏小 10%，1971—1980 年模拟结果偏小 10%，1981—1990 年模拟结果偏小 10%，1991—2000 年模拟结果偏小 3%，2001—2010 年模拟结果在误差正常范围内，整体模拟只偏小 7%。

M3 模型 1961—1970 年模拟结果偏小 9%，1971—1980 年模拟结果偏小 9%，1981—1990 年模拟结果偏小 9%，1991—2000 年模拟结果偏小 5%，2001—2010 年模拟结果偏大 5%，整体模拟只偏小 6%。

将 2011—2015 年实测降水带入模型，验证模型精度（表 6.15 和图 6.25）。精度采用 GB/T 22482—2008《水文情报预报规范》的确定性系数进行评价。评价结果显示，M3 模型确定性系数最大。若采用 M3 模型作为预报方案，则模型有效性为丙级。

将气温、蒸发量因子纳入计算，同时选择文县（本站）、博峪、中寨、岷堡沟、长草坪、铁楼寨、尚德、叶枝坝 8 个配套雨量站同步系列降水量数据计算白水江小流域面平均年降水量，建立扰动模型如下：

M4 模型：　　$R_文 = 0.3639P - 2.4226T + 0.1695E$ 　　　　　　(6.16)

M5 模型：$R_文 = 0.68945P + 6.60027 \times (T - 15.2) - 0.08647 \times (E - 1287)$

$$\hspace{10cm}(6.17)$$

M6 模型：　　$R_文 = 14.9482P^{0.5135} - 3.8124 \times (T - 15.2)$

$$+ 0.1719 \times (E - 1287) \hspace{2cm}(6.18)$$

表 6.15   白水江小流域水文模型拟合精度

年份	实测值 /(m³/s)	M1 模型		M2 模型		M3 模型	
		拟合值 /(m³/s)	误差 /%	拟合值 /(m³/s)	误差 /%	拟合值 /(m³/s)	误差/%
2011	287	360	−26	383	−34	358	−24.89
2012	453	341	25	304	33	366	19.31
2013	329	379	−15	457	−39	357	−8.45
2014	417	350	16	340	18	376	9.96
2015	386	342	11	309	20	336	12.81
确定性系数		0.585		0.641		0.665	

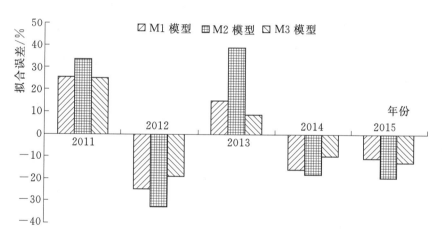

图 6.25　白水江小流域 M1～M3 模型拟合误差柱状图

从模型参数来看，降水参数值大于 0，表明降水对白水江小流域产流过程呈正效应，而气温参数值又明显大于降水和蒸发的参数值，表明白水江流域产流受气温影响显著，蒸发参数值较小，表明蒸发对径流影响微弱。

应用 M4～M6 三个模型对白水江小流域的年径流过程进行模拟，从图 6.26 可以看出，模拟过程与实测过程趋势一致，总体上，M6 模型拟合程度较好，变化趋势也更加接近实测过程。

表 6.16 给出了三种模型模拟结果与实测值的相关性，对比三个模型，M6 模型误差最小，相关性最好，AIC 检测结果也最佳，故可采用 M6 模型作为流域气候水文模型。图 6.27 给出了实测径流深与 M6 模型模拟值的相关关系，明显可以看出 M6 模型相关系数较 M3 模型有所提高。

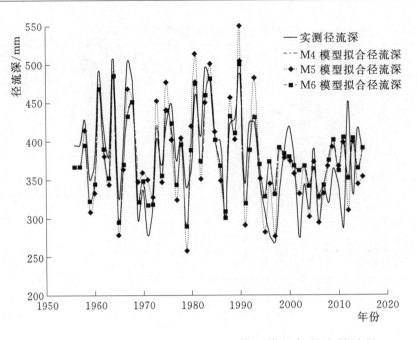

图 6.26　白水江小流域 M4～M6 模型模拟年径流量过程

表 **6.16**　　　　　　　**白水江小流域 M4～M6 模型精度分析表**

精度标准	M4 模型	M5 模型	M6 模型
误差	1.23	0.01	1.18
R^2	0.989	0.985	0.999
adj$-R^2$	0.987	0.985	0.998
AIC	621	639	623
BIC	630	648	633
标准残差	41	48	41

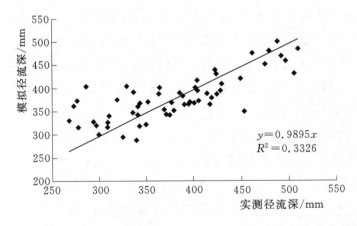

图 6.27　白水江小流域实测径流深与 M6 模型拟合值的相关性

M4～M6 模型模拟白水江小流域径流成果见表 6.17，模拟年径流量年代占比柱状图见图 6.28。

表 6.17 白水江小流域气候水文模型径流影响成果表

时 段	实测值/(m³/s)	M4 模型			M5 模型			M6 模型		
		模拟值/(m³/s)	平均差值/(m³/s)	误差/%	模拟值/(m³/s)	平均差值/(m³/s)	误差/%	模拟值/(m³/s)	平均差值/(m³/s)	误差/%
1961—1970 年	412.91	391.61	−21.3	−5	396.28	−16.6	−4	391.60	−21.3	−5
1971—1980 年	371.24	368.54	−2.7	−1	376.05	4.8	1	368.93	−2.3	−1
1981—1990 年	428.71	420.70	−8.0	−2	429.32	0.6	0	420.71	−8.0	−2
1991—2000 年	354.09	369.84	15.7	4	356.35	2.3	1	369.95	15.9	4
2001—2010 年	335.61	361.64	26.0	8	348.46	12.8	4	361.66	26.0	8
平均值	380.63	380.56	−0.1	0	377.58	−3.0	−1	380.71	0.1	0

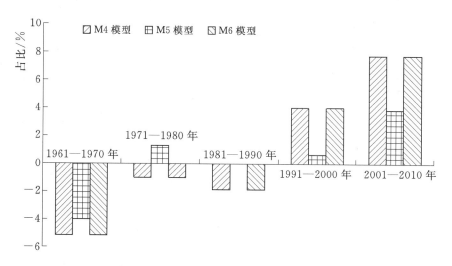

图 6.28 白水江小流域 M4～M6 模型模拟年径流量年代占比柱状图

分不同年代对比分析（表 6.17）：

M4 模型 1961—1970 年模拟结果偏小 5%，1971—1980 年模拟结果偏小 1%，1981—1990 年模拟结果偏小 2%，1991—2000 年模拟结果偏大 4%，2001—2010 年模拟结果偏大 8%，整体模拟结果在误差正常范围内。

M5 模型 1961—1970 年模拟结果偏小 4%，1971—1980 年模拟结果偏大 1%，1981—1990 年模拟结果在误差正常范围内，1991—2000 年模拟结果偏大 1%，2001—2010 年模拟结果偏大 4%，整体模拟只偏小 1%。

M6 模型 1961—1970 年模拟结果偏小 5％，1971—1980 年模拟结果偏小 1％，1981—1990 年模拟结果偏小 2％，1991—2000 年模拟结果偏大 4％，2001—2010 年模拟结果偏大 8％，整体模拟结果在误差正常范围内。

　　将 2011—2015 年实测降水带入模型，评价模型精度（表 6.18 和图 6.29），结果显示，M6 模型确定性系数最大，若采用 M6 模型作为预报方案，则模型有效性为丙级。

表 6.18　　　　　　　　　　白水江小流域水文模型拟合精度

年份	实测值 /(m³/s)	M4 模型		M5 模型		M6 模型	
		拟合值 /(m³/s)	误差 /％	拟合值 /(m³/s)	误差 /％	拟合值 /(m³/s)	误差 /％
2011	287	398	39	404	41	405	41
2012	453	309	−32	351	−23	352	−22
2013	329	399	21	404	23	404	23
2014	417	344	−18	365	−13	365	−12
2015	386	353	−8	391	1	391	1
确定性系数		0.454		0.595		0.598	

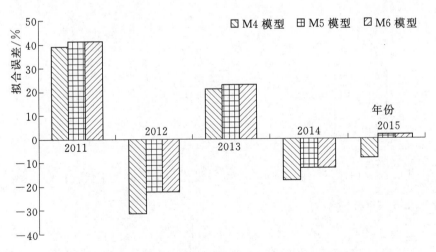

图 6.29　白水江小流域 M4～M6 模型拟合误差柱状图

　　绘制 M3 模型、M6 模型径流量双累积曲线（图 6.30），可以看出两个曲线的相关系数均在 0.99 以上，表明基本流域水文模型 M3 和流域气候水文模型 M6 都能较好的模拟流域径流，其中 M6 模型拟合结果更优。

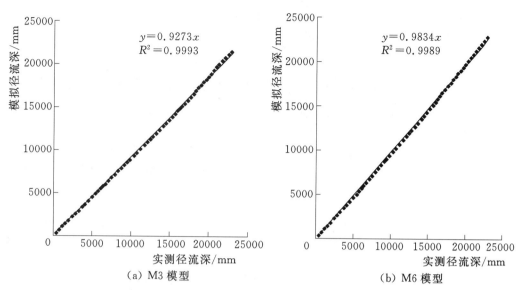

$y = 0.9273x$
$R^2 = 0.9993$

$y = 0.9834x$
$R^2 = 0.9989$

（a）M3 模型　　　　　　　　　（b）M6 模型

图 6.30　白水江小流域文县水文站实测与模拟径流量双累积曲线图

6.2.4　白龙江干流

白龙江干流从上游白云水文站沿江而下，依次选取舟曲、武都和碧口共四个水文站，分段、逐站进行演算。根据前述分析，径流推求的模型均为流域气候水文模型。演算数据经过等距、标准化处理后，推求干流模型，模型结构见图 6.31。

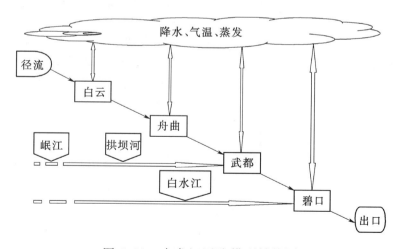

图 6.31　白龙江干流模型结构图

模型演算过程如下：

（1）采用白云水文站本站降水、蒸发资料，迭部县气温资料，推求白云水文站径流模型：

$$R_{白}=0.83982P_{白}^{0.90262}+10.80638\times(T_{选}-7.7)-0.03615\times(E_{白}-1332)$$

$$(6.19)$$

计算式（6.19）的 AIC 准则为 624，BIC 准则计算值 635，相关系数为 0.780。根据以上模型模拟结果见图 6.32。

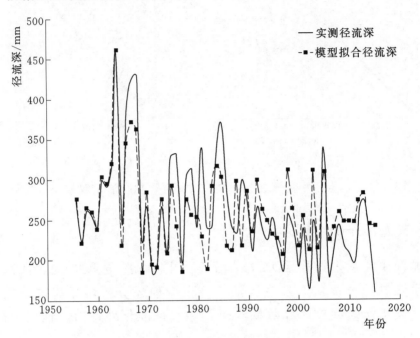

图 6.32　白云水文站实测与模拟年径流量过程

（2）采用白云水文站径流、降水，舟曲水文站降水、蒸发、气温以及白云—舟曲干流区间降水资料推求舟曲水文站径流，得到模型：

$$R_{舟}=0.3711R_{白}+0.06623P_{白}+0.06115P_{舟}+0.08374E_{舟}$$
$$+0.04024P_{区}-3.44519T_{舟}$$

$$(6.20)$$

经过逐步回归，进一步得到优化参数后的模型：

$$R_{舟}=0.37341R_{白}+0.08512P_{白}+0.07963P_{舟}+0.06307E_{舟}-3.68007T_{舟}$$

$$(6.21)$$

式（6.21）说明舟曲水文站径流与上游白云水文站降水、径流，舟曲本站降水、蒸发、气温关系密切，与白云—舟曲区间降水关系一般。计算式（6.21）的 AIC 准则计算值 554，BIC 准则计算值 569，相关系数达 0.925。根据以上模型模拟结果见图 6.33。

（3）采用舟曲、宕昌、黄鹿坝三个水文站、干流区间、岷江及拱坝河

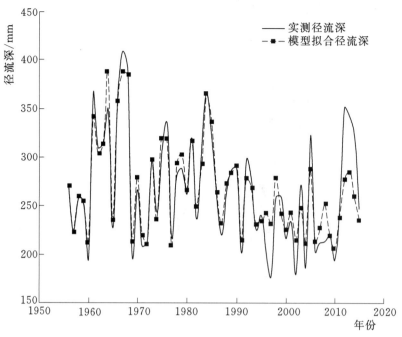

图 6.33　舟曲水文站实测与模拟年径流量过程

两个小流域的径流、降水量以及武都水文站本站降水、气温资料推求武都水文站的径流，得到模型：

$$R_武 = 0.214576R_黄 + 0.130001R_宕 + 0.531218R_舟 + 0.008751P_舟 + 0.040012P_武$$
$$+ 0.022245P_拱 - 0.022473P_岷 + 0.026218P_区 - 1.613546T_武 \tag{6.22}$$

经过逐步回归，进一步得到优化参数后的模型：

$$R_武 = 0.20734R_黄 + 0.12272R_宕 + 0.55092R_舟 + 0.06503P_武 - 1.38691T_武 \tag{6.23}$$

式（6.23）说明武都水文站径流与区间黄鹿坝水文站、宕昌水文站、舟曲水文站的径流以及武都水文站本站的降水、气温密切相关，与岷江小流域、拱坝河小流域降水以及舟曲—武都干流区间降水关系较弱。计算式（6.23）的 AIC 准则计算值 511，BIC 准则计算值 532，相关系数达 0.973。根据以上模型模拟结果见图 6.34。

（4）采用武都、文县两个水文站以及干流区间、白水江小流域的径流和降水、气温、蒸发资料推求碧口水文站的径流，得到模型：

$$R_碧 = 0.638899R_武 + 0.26739R_文 - 0.006263P_碧 - 3.414151T_碧 + 0.027929E_碧$$
$$+ 0.05568P_{白水江} - 0.001034P_武 + 0.032664P_区 \tag{6.24}$$

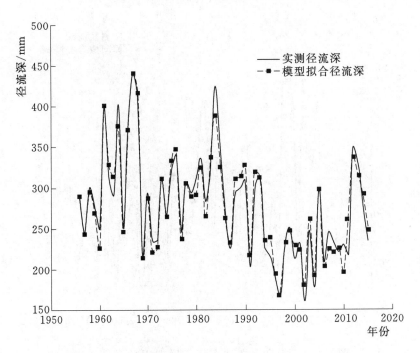

图 6.34　武都水文站实测与模拟年径流量过程

经过逐步回归，进一步得到优化参数后的模型：

$$R_{碧}＝0.62984R_{武}＋0.27357R_{文}－3.63398T_{碧}＋0.03054E_{碧}$$
$$＋0.05238P_{白水江}＋0.02774P_{区} \tag{6.25}$$

式（6.25）说明碧口水文站径流与文县水文站、武都水文站的径流，武都—碧口干流区间降水，白水江小流域面降水量以及碧口水文站本站的气温、蒸发密切相关，与本站降水量、上游武都降水量关系较弱。计算式（6.25）的 AIC 准则计算值 480，BIC 准则计算值 500，相关系数达 0.976。根据以上模型模拟结果见图 6.35。

综合以上分析，可得白云模型式（6.19）、舟曲模型式（6.21）、武都模型式（6.23）、碧口模型式（6.25）。

白龙江干流白云、舟曲、武都、碧口模型模拟年径流量年代比值表及其柱状图见表 6.19 和图 6.36，拟合误差表及柱状图见表 6.20 和图 6.37。

分不同年代对比分析（表 6.19）：

白云模型 1961—1970 年模拟结果偏小 5.8％，1971—1980 年模拟结果偏小 7.7％，1981—1990 年模拟结果偏小 10.9％，1991—2000 年模拟结果偏大 9.8％，2001—2010 年模拟结果偏大 13.4％。

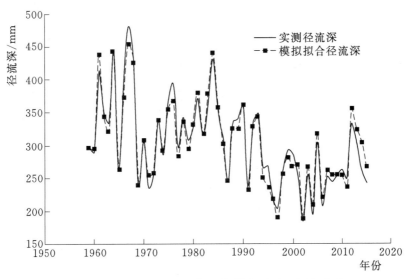

图 6.35 碧口水文站实测与模拟年径流量过程

表 6.19 白龙江干流模型模拟年径流量年代比值表

时　段	白云模型		舟曲模型		武都模型		碧口模型	
	平均差值 /(m³/s)	误差 /%	平均差值 /(m³/s)	误差 /%	平均差值 /(m³/s)	误差 /%	平均差值 /(m³/s)	误差 /%
1961—1970 年	−19.3	−5.8	2.1	0.8	0.7	0.2	−3.4	−0.9
1971—1980 年	−19.8	−7.7	2.8	1.0	−3.8	−1.3	−4.0	−1.3
1981—1990 年	−31.3	−10.9	9.4	4.0	−2.1	−0.7	0.0	0.0
1991—2000 年	22.3	9.8	8.8	3.9	7.6	3.3	−11.6	−4.3
2001—2010 年	29.8	13.4	−5.1	−2	−3.2	−1.4	8.5	3.5
平均值	0.0	0.0	0.8	0.3	0.0	0.0	0.0	0.0

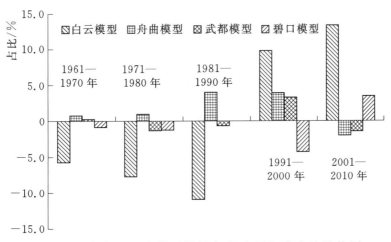

图 6.36 白龙江干流模型模拟年径流量年代占比柱状图

舟曲模型 1961—1970 年模拟结果偏大 0.8％，1971—1980 年模拟结果偏大 1％，1981—1990 年模拟结果偏大 4％，1991—2000 年模拟结果偏大 3.9％，2001—2010 年模拟结果偏小 2％。

武都模型 1961—1970 年模拟结果偏大 0.2％，1971—1980 年模拟结果偏小 1.3％，1981—1990 年模拟结果偏小 0.7％，1991—2000 年模拟结果偏大 3.3％，2001—2010 年模拟结果偏小 1.4％。

碧口模型 1961—1970 年模拟结果偏小 0.9％，1971—1980 年模拟结果偏小 1.3％，1981—1990 年模拟结果正常，1991—2000 年模拟结果偏小 4.3％，2001—2010 年模拟结果偏大 3.5％。

表 6.20　　　　　　　　　白龙江干流模型拟合误差表

年　份	白云模型		舟曲模型		武都模型		碧口模型	
	平均差值 /(m³/s)	误差 /％	平均差值 /(m³/s)	误差 /％	平均差值 /(m³/s)	误差 /％	平均差值 /(m³/s)	误差 /％
2011	51.2	26.3	−7.8	−3.2	43.7	20.1	−12.9	−5.2
2012	14.6	5.7	−74.8	−21.3	−10.3	−3.0	22.6	6.8
2013	9.6	3.5	−56.7	−16.5	−14.3	−4.3	18.2	5.9
2014	16.9	7.5	−62.2	−19.3	11.4	4.1	45.2	17.4
2015	84.1	53.3	−11.6	−4.7	13.9	6.0	23.8	9.8

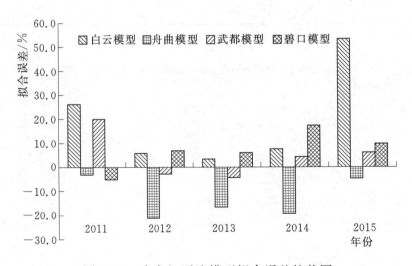

图 6.37　白龙江干流模型拟合误差柱状图

6.3　小　结

（1）典型小流域气候水文模型建立。

选择白龙江流域内岷江、拱坝河、白水江 3 个典型小流域和白龙江干流为研究对象，分析研究气候变化对径流的影响。采用典型小流域的水文站径流、蒸发系列资料、气象站气温系列资料、水文站气象站雨量站的降水观测系列资料，建立典型小流域基本流域水文模型、年降水量与径流深数学模型、年降水量-径流系数-年径流深数学模型、年降水量-汛期降水量-前期降水量-年径流深数学模型，将气温、蒸发量作为模型重要因子纳入计算的流域气候水文模型。经过对比分析得出：流域气候水文模型能够比较真实地描述流域降水径流过程，较为清晰地反映出气温、蒸发在降水产流过程中的扰动作用。

岷江、拱坝河、白水江 3 个典型小流域气候水文模型如下：

岷江：$R_{宕昌}=4.7167P^{0.704609}+44.9669\times(T-11.2)-0.0984\times(E-1307)$

拱坝河：$R_{黄鹿坝}=172.0281P^{0.143}-75.2438\times(T-14.8)+0.1285\times(E-1414)$

白水江：$R_{文县}=14.9482P^{0.5135}-3.8124\times(T-15.2)+0.1719\times(E-1287)$

（2）典型小流域气候因子对径流的影响。

从典型小流域气候水文模型参数来看，岷江小流域气候水文模型的降水、气温参数值均大于 0，表明降水、气温对产流过程的正效应，而气温参数又明显大于降水和蒸发的参数，表明岷江流域降水产流受气温影响显著，蒸发参数全部为负值，表明蒸发影响不显著。拱坝河小流域气候水文模型的降水参数值大于 0，表明降水、蒸发对拱坝河小流域产流过程呈正效应，而气温参数较大，表明拱坝河小流域产流受气温影响显著，蒸发参数值较小，表明蒸发对径流影响微弱。白水江小流域气候水文模型的降水参数值大于 0，表明降水对白水江小流域产流过程呈正效应，而气温参数又明显大于降水和蒸发的参数，表明白水江流域产流受气温影响显著，蒸发参数值较小，表明蒸发对径流影响微弱。

（3）典型小流域模型计算成果。

用岷江、拱坝河、白水江 3 个典型小流域气候水文模型对建站至 2010年年径流系列进行模拟计算：

岷江小流域气候水文模型 1961—1970 年模拟结果偏小 5％，1971—1980 年模拟结果偏小 7％，1981—1990 年模拟结果偏小 5％，1991—2000 年模拟结果偏大 13％，2001—2010 年模拟结果偏大 12％，整体模拟近似实测，偏大 0.1％。

拱坝河小流域气候水文模型 1961—1970 年模拟结果偏小 2％，1971—1980 年模拟结果偏大 7％，1981—1990 年模拟结果偏小 5％，1991—2000 年模拟结果偏大 3％，2001—2010 年模拟结果偏小 3％，整体模拟结果在误差正常范围内。

白水江小流域气候水文模型 1961—1970 年模拟结果偏小 5％，1971—1980 年模拟结果偏小 1％，1981—1990 年模拟结果偏小 2％，1991—2000 年模拟结果偏大 4％，2001—2010 年模拟结果偏大 8％，整体模拟结果在误差正常范围内。

(4) 典型小流域模型精度评价。

将 2011—2015 年岷江、拱坝河、白水江 3 个典型小流域实测气温、降水、蒸发分别代入岷江、拱坝河、白水江 3 个典型小流域气候水文模型，评价模型精度，结果显示：

岷江小流域气候水文模型确定性系数为 0.825；若作为预报方案，模型有效性为乙级；模型计算径流深和实测径流深双累积曲线的相关系数达 0.99 以上，表明岷江小流域气候水文模型能较好的模拟流域径流过程。

拱坝河小流域气候水文模型确定性系数为 0.685；若作为预报方案，模型有效性为丙级；模型计算径流深和实测径流深双累积曲线的相关系数达 0.99 以上，表明拱坝河小流域气候水文模型能较好的模拟流域径流过程。

白水江小流域气候水文模型确定性系数为 0.598；若作为预报方案，模型有效性为丙级；模型计算径流深和实测径流深双累积曲线的相关系数达 0.99 以上，表明白水江小流域气候水文模型能较好的模拟流域径流过程。

(5) 白龙江干流气候径流模型：

1) 白云水文站气候径流模型：采用白云水文站本站的降水、蒸发资料，气温资料引用迭部县气温资料，建立模型：

$$R_{白} = 0.83982 P_{白}^{0.90262} + 10.80638 \times (T_{迭} - 7.7) - 0.03615 \times (E_{白} - 1332)$$

2) 舟曲水文站气候径流模型：采用白云水文站径流、降水，舟曲水文站降水、蒸发、气温以及白云—舟曲干流区间降水资料建立模型：

$$R_舟＝0.37341R_白＋0.08512P_白＋0.07963P_舟＋0.06307E_舟－3.68007T_武$$

3）武都水文站气候径流模型：采用舟曲、宕昌、黄鹿坝三个水文站径流、干流区间、岷江和拱坝河两个小流域的面降水量以及武都水文站本站降水、气温资料建立模型：

$$R_武＝0.20734R_黄＋0.12272R_宕＋0.55092R_舟＋0.06503P_武－1.38691T_武$$

4）碧口水文站气候径流模型：采用武都、文县两个水文站以及干流区间、白水江小流域的降水、气温、蒸发资料建立模型：

$$R_碧＝0.62984R_武＋0.27357R_文－3.63398T_碧＋0.03054E_碧$$

$$＋0.05238P_{白水江}＋0.02774P_区$$

白云、舟曲、武都、碧口水文站气候径流模型演算结果精度均在水文情报预报规范允许误差范围之内。

（6）白龙江干流气候因子对径流的影响。

通过分析发现，舟曲水文站径流与上游白云水文站降水、径流，舟曲本站降水、蒸发、气温关系密切，与白云—舟曲区间降水关系一般；武都水文站径流与区间黄鹿坝水文站、宕昌水文站、舟曲水文站的径流以及武都水文站本站的降水、气温密切相关，与岷江小流域、拱坝河小流域降水以及舟曲—武都干流区间降水关系较弱；碧口水文站径流与文县水文站、武都水文站的径流，武都—碧口干流区间降水，白水江小流域面降水量以及碧口水文站本站的气温、蒸发密切相关，与本站降水量、上游武都降水量关系较弱。

第7章　径流对流域梯级水电开发的响应研究

近些年来，白龙江流域人类活动影响主要体现在梯级水电开发方面，梯级水电开发的影响主要是造成河流形态环境条件的改变。环境条件改变引起的水文变化最初只是定性概念。1863 年，G. P. 马什发表的《人与自然》一书，记述了森林对水文变化的影响。第一个国际水文十年（IHD，1965—1974）期间，将人类活动对水循环的影响和代表性、实验性流域研究列为主要研究任务之一。1975 年，联合国教科文组织（UNESCO）在国际水文计划（IHP）中制定了一系列研究课题和活动，并于 1980 年 6 月在赫尔辛基举行了人类活动对水情影响与代表性、实验性流域学术会议。1991 年，美国水文科学国家委员会提出水文科学研究的五大问题中最受关注的是人类活动对水文效应的影响。在国际水文计划Ⅲ（1984—1989）和Ⅳ（1990—1994）期间，水文效应的研究与水利工程环境影响评价结合得更紧密，水文形势的改变对于生态环境的影响是大坝建设对生态环境的重要影响。对于任何地区水资源系统的合理开发、利用规划和管理，水文效应均是很重要的问题。与国际水文计划交叉的计划环境、生命和政策水文学（HELP）计划、国际实验和网络数据水流情势（FRIEND）计划以及与国际水文计划有联系的相关计划〔如国际洪水行动计划（IFI）、国际泥沙行动计划（ISI）〕在水资源系统研究中，人类活动对水文情势的影响已成为主要的研究课题。

在此背景下，分析研究白龙江流域人类活动对径流影响的"梯级水电开发"因子与近年来流域径流量急剧减少趋势和径流年内分配变化之间的关系，对于白龙江流域生态保护、水电合理开发、白龙江引水工程实施等具有重要意义。

7.1　白龙江流域水电开发概况

白龙江流域水能理论蕴藏量 432.7 万 kW，在历次勘测规划的基础上，水利部成都勘测设计院会同水利部第五工程局最新规划进行 11 级梯级开发，总装机容量 319 万 kW；白龙江开发重点为武都至昭化段的苗家坝水电站、碧口水电站、麒麟寺水电站、宝珠寺水电站、紫兰坝水电站等 5 级，总装机容量 228 万 kW。其中，碧口水电站（装机容量 30 万 kW）1976 年即已建成供电，宝珠寺水电站（装机容量 63 万 kW）也于 1997 年建成。白龙江支流上已建电站尚有拱坝河甘肃省武都区黄鹿坝水电站（装机容量 1.26 万 kW），求吉河四川省若尔盖县巴西电站等。截至 2014 年年底，流域内已建成水电站 130 座，合计装机容量 110.6 万 kW，其中白龙江干流 26 座，装机容量 33.2 万 kW；白龙江各级支流 104 座，装机容量 77.4 万 kW。

7.1.1　梯级水电站建设规模和历程

对白龙江流域内梯级水电站建设规模和历程从数量、装机容量随年份变化等方面进行统计分析，统计结果见图 7.1。

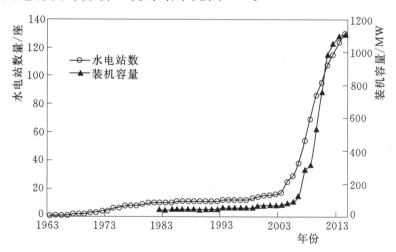

图 7.1　白龙江流域梯级水电站建设规模和历程统计分析图

根据图 7.1，白龙江流域在 2003 年以后水电站建设步伐大大加快，2003—2014 年，水电站数量由 17 座增加至 130 座，年均约新建 10 座；装机容量由 6.8 万 kW 增加至 110.6 万 kW，年均约新增装机容量 10 万 kW。白龙江流域水电开发情况在 2003 年之前大致可以划分为这样几个阶段，截至 1973 年，装机容量 0.5 万 kW；截至 1978 年，装机容量 2.7 万 kW；截至 1992 年，装机容量 4.2 万 kW；截至 2003 年，装机容量 6.8 万 kW。因此，白龙江流域水电站建设大致可分为 1973 年之前的建设停滞期，1973—2003 年的建设平稳期，以及 2003 年以后的建设提速期。

7.1.2　梯级水电站等级划分

我国规定将水电站分为五等，其中：装机容量大于 75 万 kW 为一等 [大（1）型水电站]，75 万～25 万 kW 为二等 [大（2）型水电站]，25 万～2.5 万 kW 为三等（中型水电站），2.5 万～500kW 为四等 [小（1）型水电站]，小于 500kW 为五等 [小（2）型水电站]；但统计上常将 1.2 万 kW 以下作为小水电站。据此，将白龙江流域水电站按大、中、小进行分类统计，有中型水电站 13 座，装机容量 70.0 万 kW；小型水电站 117 座，装机容量 40.6 万 kW。白龙江流域装机容量超过 1.2 万 kW 的水电站统计表见表 7.1。

表 7.1　　白龙江流域装机容量超过 1.2 万 kW 的水电站统计表

序号	所在河流	县	乡（镇）	水电站名称	装机容量/万 kW
1	白龙江	迭部县	尼傲乡	尼傲加尕水电站	1.3
2	白龙江	迭部县	尼傲乡	尼傲峡水电站	1.2
3	白龙江	迭部县	卡坝乡	卡坝班九水电站	1.3
4	白龙江	迭部县	旺藏乡	九龙峡电站	8.1
5	白龙江	迭部县	旺藏乡	花园电站	6.0
6	白龙江	迭部县	达拉乡	达拉河口水电站	5.3
7	白龙江	武都区	两水镇	陇南市武都区黄鹿坝电厂	1.4
8	多儿沟	舟曲县	大川镇	石门坪水电站	1.5
9	拱坝河	舟曲县	大川镇	两河口水电站	1.8
10	龙坝河	舟曲县	南峪乡	南峪水电站	2.0
11	拱坝河	舟曲县	大川镇	虎家崖水电站	2.8
12	白龙江	迭部县	旺藏乡	多儿河水电站	3.2
13	南　河	舟曲县	立节乡	大容立节水电站	4.0
14	龙坝河	武都区	沙湾镇	宕昌县沙湾水电站	5.1
15	铁坝河	舟曲县	巴藏乡	巴藏水电站	5.1
16	盆平沟	舟曲县	憨班乡	凉风壳水电站	5.3
17	盆平沟	迭部县	尼傲乡	水泊峡水电站	5.7
18	角弓沟	舟曲县	城关镇	锁儿头扩容水电站	6.6
19	盆平沟	舟曲县	憨班乡	喜儿沟水电站	7.2
20	铁坝河	迭部县	洛大乡	代古寺电站	8.7
21	嘎尔沟	武都区	石门乡	石门水电站	1.3

7.1.3　研究单元梯级水电站分布

按照白龙江武都以上区域干流水文站对水电站分布进行单元划分和统计，白云水文站以上建有 19 座水电站，总装机容量 22.48 万 kW；白云至舟曲水文站区段建有 38 座水电站，总装机容量 41.22 万 kW；舟曲至武都水文站区段建有水电站 83 座，合计装机容量 46.90 万 kW。

7.2　径流对梯级水电开发的响应

7.2.1　研究思路与方法

通过对白龙江干流控制站月年径流资料的收集与整理，初步分析有实测流量资料以来水电站建设前进出口断面年径流之间的关联性和年内分布规律，并将上述参数与水电站建设后的响应进行关联分析，进行径流年内变化过程对比以及年序列相关回归分析，据此研究白龙江水电梯级开发的径流响应。

某一控制断面的径流主要靠上游大气降水及不同区段的来水补给，上游来水量是其中最直接和最主要的因素，上下游径流之间常具有较好的关系。因此，采用建立上下游站年径流线性回归关系来分析年径流的变化，通过月径流、季节径流占年径流的比例对比分析来反映径流的年内变化。

将研究单元作为独立系统，利用年径流量、降水量序列，以单元出口径流量为输出，以单元入口径流量和区间降水量为输入，经过单元内部输送作用后，推算出口断面径流量。

7.2.2　研究单元划分

分析白龙江干流，自上而下有白云、舟曲、武都水文站，3 个控制水文站自有监测资料以来的多年平均年来水量分别为 5.57 亿 m³、24.01 亿 m³、39.77 亿 m³。白云、舟曲站来水量分别占武都以上的 14.0%、60.4%。各单元流域面积及多年平均产流量统计成果见表 7.2。

根据控制水文站的布设和实测径流量情况及集水面积，白云水文站以上单元来水量占碧口水文站以上仅 7.0%，考虑研究单元内径流、降水等系列资料可比性，故将梯级水电站建设对径流量和径流年内分配的影响划分为舟曲水文站以上、舟曲水文站至武都水文站两个研究单元。

表 7.2　　　　　　　各单元流域面积及多年平均产流量统计表

序号	单元名称	集水面积 /km²	径流量 /亿 m³	径流量占全流域 百分比/%
1	白云水文站以上	2136	5.57	14.0
2	白云—舟曲水文站区间	6819	18.44	46.4
3	舟曲—武都水文站区间	5333	15.76	39.6

由于水文站建站时间和实施监测的时间不统一，为了计算时段的一致，在分析径流对梯级水电开发响应时，统一将径流、降水系列资料选取为 1965—2015 年。

7.2.3　舟曲水文站以上单元

白龙江流域舟曲水文站以上研究单元河流水系、气象站、水文站、雨量站、梯级水电站分布情况见图 7.2。

7.2.3.1　径流量响应

1. 建立年径流关系

白云水文站以上产水量占舟曲水文站来水量的 23.2%，区间降水对舟曲水文站径流起着重要作用，因而在探求上下游径流关系时，需要考虑区间降水的大小。

白云水文站以上建有 19 座水电站，总装机容量 22.48 万 kW；舟曲水文站以上建有 47 座水电站，总装机容量 63.70 万 kW。研究单元内 1999 年前建有梯级水电站 5 座，装机容量仅 2.51 万 kW，分别占白云、舟曲水文站控制断面以上装机容量的 11.2%、3.9%。

为了方便模拟计算，忽略 1999 年之前梯级水电站对径流的影响，采用 1999 年之前白云和舟曲水文站年径流系列，以及区间年平均降水量（算术平均法计算）系列进行回归分析。模型相关关系矩阵式散点见图 7.3，计算结果见表 7.3。

表 7.3　　　　　　　回归分析模型相关关系表

	舟曲径流量	白云径流量	区间降水量
舟曲径流量	1.000	0.915	0.716
白云径流量	0.915	1.000	0.543
区间降水量	0.716	0.543	1.000

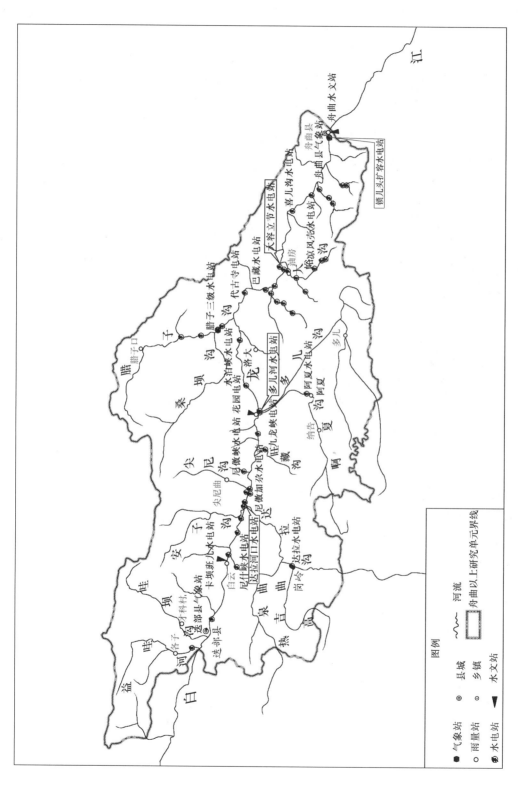

图 7.2 舟曲水文站以上研究单元河流水系、气象站、水文站、雨量站、梯级水电站分布图

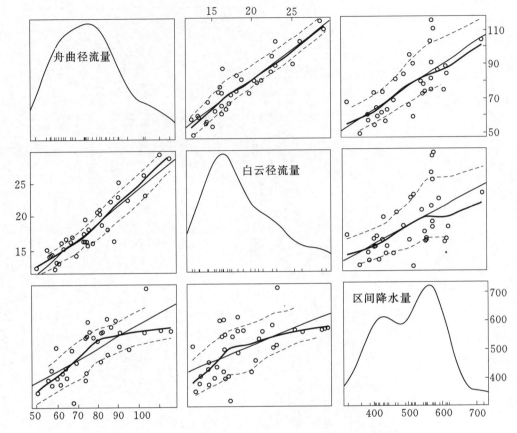

图 7.3　回归分析模型相关关系矩阵式散点图

从图 7.3 可知，舟曲径流量和白云径流量相关关系较好，且优于和区间降水量的相关关系，白云径流量和区间降水量相关关系较差。这一点表 7.3 中相关关系值也能反映出来。

从 R 检验结果可以看出，相关关系显著，回归效果好。选定显著性水平 $\alpha = 0.05$，查 F 检验临界值表，$F_{2,35} = 3.28$，从检验结果看出，$F = 181.293$ 大于 F 临界值，检验结果概率 $P < 0.05$，通过 F 值检验，说明方程回归效果显著；查 t 分布临界值表，$t_{0.05}(35) = 1.690$，从 t 检验结果可以看出，白云站 $t = 11.865$，大于临界值，表明白云站年径流对舟曲站年径流影响显著，线性回归拟合程度高。根据以上分析结果，舟曲站实测和拟合径流过程线见图 7.4，实测与拟合值误差评定成果见表 7.4，建立年径流模型：

$$R_舟 = 2.6647 \times R_白 + 0.0189 \times \overline{P}_区 - 1.4225$$

式中：$R_舟$ 为舟曲站年径流量，亿 m^3；$R_白$ 为白云站年径流量，亿 m^3；$\overline{P}_区$

为白云—舟曲区间年平均降水量，mm。

从表 7.4 计算结果来看，舟曲站年径流平均绝对误差 0.56 亿 m³，平均相对误差 -2.3%。若以相对误差 δ<20% 算合格，白云水文站与舟曲水文站年径流相关关系的拟合合格率达到 94.3%，表明该研究单元内梯级水电站建设前（1999 年以前）白云与舟曲水文站年径流之间具有良好的相关关系，可以采用建立的模型用白云水文站年径流推算舟曲水文站年径流量。

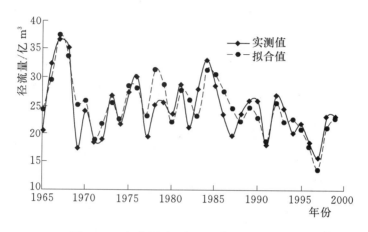

图 7.4　舟曲站实测和拟合径流过程线

2. 径流响应分析

运用前面建立的白云与舟曲水文站年径流模型推求梯级水电站建设后（2000—2015 年）舟曲水文站年径流量系列，分析计算成果见表 7.5 和图 7.5。根据模型计算值与实测值对比分析，梯级水电开发后，舟曲水文站控制断面较之前（1999 年以前）年平均径流量减少了 11.4%，在 2010 年之前减少幅度较小，年均减少在 10% 以下；2011—2015 年减少幅度较大，超过 10%，说明舟曲水文站以上研究单元径流量对梯级水电站开发有明显的响应，这也与流域区间降水减少相一致。

对照白龙江舟曲水文站以上研究单元梯级水电站建设规模和历程，发现 2006—2014 年累计新建梯级水电站 42 座，装机容量增加 61.2 万 kW，在这期间年径流量平均减幅达 13.1%；2010—2011 年两年间建成梯级水电站达 8 座，装机容量 22.27 万 kW，2011—2015 年径流量减少 18.3%。说明舟曲水文站以上研究单元梯级水电站建设的数量和装机容量的增加与径流量减少呈显著的负相关关系。梯级水电站建设迅速期时段之后，出现径流减少的概率较大。

表 7.4 　　　　　　　　　　　**实测与拟合值关系误差评定成果表**

年份	舟曲站年径流/亿 m³		绝对误差 /亿 m³	相对误差 /%	年份	舟曲站年径流/亿 m³		绝对误差 /亿 m³	相对误差 /%
	实测值	计算值				实测值	计算值		
1965	20.38	24.01	3.6	17.8	1983	27.90	23.20	−4.70	−16.8
1966	32.38	29.57	−2.8	−8.7	1984	32.90	31.32	−1.58	−4.8
1967	36.58	37.36	0.8	2.1	1985	28.70	30.61	1.91	6.7
1968	35.18	33.87	−1.3	−3.7	1986	23.30	27.59	4.29	18.4
1969	17.44	25.05	7.6	43.6	1987	19.70	24.58	4.88	24.8
1970	23.85	25.78	1.9	8.1	1988	23.60	22.18	−1.42	−6.0
1971	18.69	18.83	0.1	0.7	1989	25.70	24.63	−1.07	−4.2
1972	19.03	21.89	2.9	15.0	1990	25.93	22.91	−3.02	−11.7
1973	26.64	25.63	−1.0	−3.8	1991	18.03	18.47	0.44	2.4
1974	21.80	22.58	0.8	3.6	1992	26.77	25.50	−1.27	−4.7
1975	27.35	28.32	1.0	3.5	1993	24.51	22.08	−2.43	−9.9
1976	30.17	27.98	−2.2	−7.2	1994	20.17	22.54	2.37	11.7
1977	19.40	23.01	3.6	18.6	1995	21.52	20.84	−0.68	−3.2
1978	25.20	31.35	6.1	24.4	1996	18.20	17.55	−0.65	−3.6
1979	25.70	28.80	3.1	12.1	1997	15.84	13.85	−1.99	−12.5
1980	23.60	22.03	−1.6	−6.7	1998	23.22	21.11	−2.11	−9.1
1981	28.60	27.94	−0.7	−2.3	1999	23.25	22.93	−0.32	−1.4
1982	21.10	26.13	5.0	23.8	平均	24.35	24.91	0.56	2.3

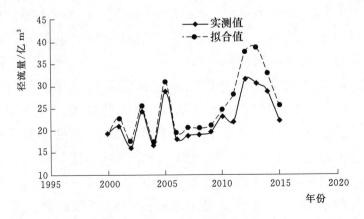

图 7.5　舟曲水文站径流实测值与模型计算值对比分析图

表 7.5 舟曲水文站径流实测值与模型计算值对比分析成果

年份	舟曲站年径流/亿 m³		绝对误差 /亿 m³	相对误差 /%
	实测值	计算值		
2000	19.44	19.47	0.0	0.1
2001	20.94	22.86	1.9	9.2
2002	16.10	17.51	1.4	8.8
2003	24.31	25.65	1.3	5.5
2004	16.68	17.57	0.9	5.3
2005	28.95	31.22	2.3	7.8
2006	18.12	19.47	1.3	7.4
2007	18.91	20.76	1.8	9.8
2008	19.16	20.59	1.4	7.5
2009	19.68	21.24	1.6	7.9
2010	23.27	24.78	1.5	6.5
2011	22.01	25.25	3.2	14.7
2012	31.59	37.93	6.3	20.1
2013	30.68	38.84	8.2	26.6
2014	28.86	33.01	4.1	14.4
2015	22.17	25.70	3.5	15.9
均值	22.55	25.12	2.6	11.4

7.2.3.2 径流年内分配的响应

1. 梯级水电站建设前（1999 年以前）

依据白龙江流域舟曲水文站以上研究单元径流控制站的月径流资料系列，统计月径流量及其占年径流的比例见表 7.6，多年平均月径流量分配情况见图 7.6。

表 7.6 水电站建设前控制站月径流特征

站名	项目	1月	2月	3月	4月	5月	6月	7月	8月	9月	10月	11月	12月
白云	径流量/亿 m³	0.22	0.19	0.22	0.29	0.51	0.58	0.76	0.78	0.90	0.67	0.39	0.27
	百分比/%	3.80	3.28	3.77	5.05	8.83	10.09	13.20	13.49	15.47	11.55	6.66	4.71
舟曲	径流量/亿 m³	0.83	0.67	0.74	1.12	2.33	2.87	3.55	3.18	3.49	2.93	1.56	1.05
	百分比/%	3.42	2.77	3.04	4.58	9.59	11.78	14.60	13.05	14.33	12.02	6.42	4.32

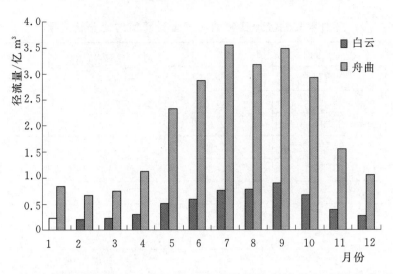

图 7.6　舟曲以上研究单元梯级水电站建设前控制站月径流量的分配图

2. 梯级水电站建设后（2000—2015 年）

依据各研究区段控制站的月径流资料系列，统计月径流量及占年径流的比例见表 7.7，多年平均月径流量分布见图 7.7。

表 7.7　　水电站建设后控制站月径流特征

站名	项目	1 月	2 月	3 月	4 月	5 月	6 月	7 月	8 月	9 月	10 月	11 月	12 月
白云	径流量/亿 m³	0.21	0.18	0.20	0.23	0.36	0.41	0.62	0.58	0.67	0.62	0.35	0.25
	百分比/%	4.48	3.82	4.32	4.87	7.65	8.73	13.31	12.40	14.28	13.18	7.49	5.46
舟曲	径流量/亿 m³	0.91	0.74	0.82	1.05	1.95	2.40	3.06	2.82	3.08	2.87	1.59	1.15
	百分比/%	4.04	3.32	3.67	4.67	8.70	10.72	13.62	12.55	13.71	12.82	7.07	5.11

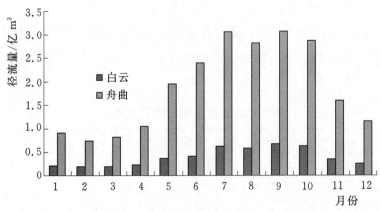

图 7.7　舟曲以上研究单元梯级水电站建设后控制站
月径流量的分配图

3. 梯级水电站建设前后对比分析

通过对研究单元内梯级水电站开发前后的白云、舟曲水文站多年平均年径流量年内分配对比分析，两站 1—3 月、10—12 月径流量占比增加，4—9 月径流量占比减少，可见径流年内分配趋于均衡。白云、舟曲水文站水电站建设前后月径流量分布情况见图 7.8 和图 7.9。

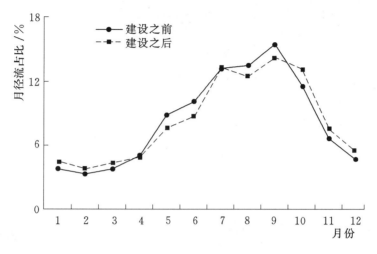

图 7.8　水电站建设前后白云水文站月径流量的分布

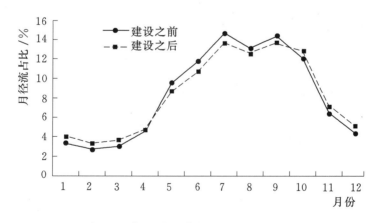

图 7.9　水电站建设前后舟曲水文站月径流量的分布

7.2.3.3　径流季节性变化的响应

按照非汛期（1—4 月、11—12 月）、汛期（5—10 月），春（3—5 月）、夏（6—8 月）、秋（9—11 月）、冬（12 月至次年 2 月）对梯级水电站建设前舟曲以上研究单元的径流控制断面进行季节性平均径流统计分析。

1. 梯级水电站建设前（1999 年以前）

白云、舟曲水文站汛期来水量占年来水量的 70% 以上，非汛期不到 30%，夏秋两季来水量相当（占年来水量的 30%～40%），冬季最少（约占年来水量的 10%），春季来水量不到年来水量的 20%，两站各季径流量占比分配相差在 3% 以内，详见表 7.8、图 7.10 和图 7.11。

表 7.8　　　　　梯级水电站建设前控制站季节性径流分配分析表

站　名	非汛期、汛期及各季节径流量占全年比例/%					
	非汛期	汛期	春季	夏季	秋季	冬季
白云	27.27	72.65	17.65	36.79	33.69	11.79
舟曲	24.55	75.45	17.20	39.43	32.77	10.51
舟曲与白云相比	−2.72	2.80	−0.45	2.64	−0.92	−1.28

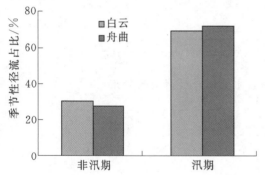

图 7.10　1999 年以前舟曲以上研究
单元控制水文站汛期及非汛期来
水量占比分析图

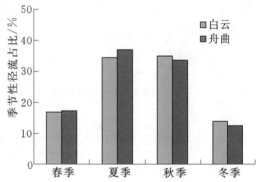

图 7.11　1999 年以前舟曲以上研究
单元控制水文站四季来水量
占比分析图

2. 梯级水电站建设后（2000—2015 年）

白云、舟曲站汛期来水量占年来水量的接近 70%，非汛期不到 30%，夏秋两季来水量相当（占年来水量的 30%～40%），冬季最少（约占年来水量的 10%），春季来水量不到年来水量的 20%，两站在各级径流量占比分配相差在 3% 以内，详见表 7.9、图 7.12 和图 7.13。

3. 前后对比分析

白云水文站梯级水电站建设后非汛期径流量增加 3.17%，汛期减少 3.09%；春夏两季减少 3.15%，秋冬两季增加 3.23%。舟曲水文站梯级水电站建设后非汛期径流量增加 3.33%，汛期减 3.33 少%；春夏两季减少

表 7.9   梯级水电站建设后控制站季节性径流分配分析表

站　名	非汛期、汛期及各季节径流量占全年比例/%					
	非汛期	汛期	春季	夏季	秋季	冬季
白云	30.44	69.56	16.84	34.45	34.95	13.76
舟曲	27.88	72.12	17.04	36.90	33.60	12.46
舟曲与白云相比	−2.56	2.56	0.20	2.45	−1.35	−1.30

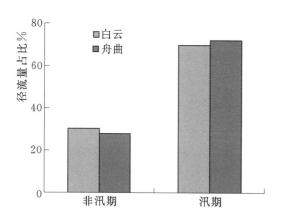

图 7.12　2000—2015 年舟曲以上研究
单元控制水文站汛期及非汛期来
水量占比分析图

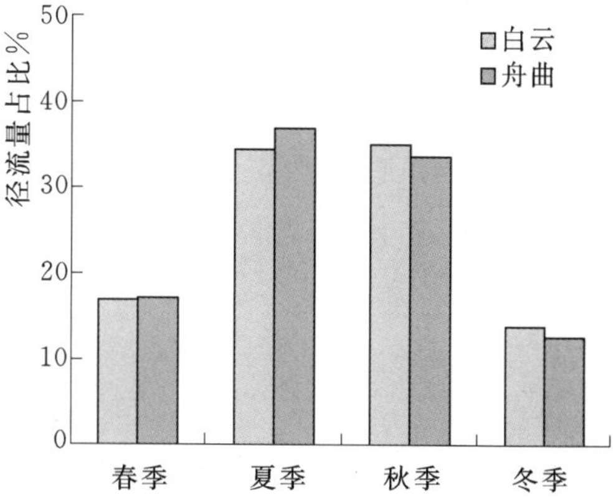

图 7.13　2000—2015 年舟曲以上研究
单元控制水文站四季来水量
占比分析图

2.70%，秋冬两季增加 2.78%。白云、舟曲水文站在梯级水电站建设前后
年径流季节分配成果见表 7.10 和表 7.11。

表 7.10 白云水文站梯级水电站建设前后年径流季节分配成果表

项　目	非汛期、汛期及各季节径流量占全年比例/%					
	非汛期	汛期	春季	夏季	秋季	冬季
建设前	27.27	72.65	17.65	36.79	33.69	11.79
建设后	30.44	69.56	16.84	34.45	34.95	13.76
对比分析	3.17	−3.09	−0.81	−2.34	1.26	1.97

表 7.11 舟曲水文站梯级水电站建设前后年径流季节分配成果表

项　目	非汛期、汛期及各季节径流量占全年比例/%					
	非汛期	汛期	春季	夏季	秋季	冬季
建设前	24.55	75.45	17.20	39.43	32.77	10.51
建设后	27.88	72.12	17.04	36.90	33.60	12.46
对比分析	3.33	−3.33	−0.16	−2.53	0.83	1.95

7.2.4　舟曲—武都水文站区间研究单元

白龙江流域舟曲—武都水文站区间研究单元河流水系、气象站、水文站、雨量站、梯级水电站分布情况见图 7.14。

7.2.4.1　径流量响应

1. 建立年径流模型

白龙江干流舟曲水文站以上产水量占武都水文站来水量的 60.4%，区间降水对武都水文站径流起着重要作用，因而在探求上下游径流相关关系时，需要考虑区间降水的影响。截至 2014 年年底，舟曲水文站以上建有梯级水电站 47 座，总装机容量 63.70 万 kW，武都水文站以上建有梯级水电站 130 座，总装机容量 110.6 万 kW。舟曲水文站以上 1999 年前建有梯级水电站 5 座，装机容量仅 2.51 万 kW，占总装机容量的 3.9%；武都水文站以上 1999 年前建有梯级水电站 14 座，装机容量仅 6.43 万 kW，占总装机容量的 5.8%。为了便于分析计算，对分析计算时段进行优选，1999 年之前忽略梯级水电站对径流的影响，采用 1999 年之前白云和舟曲水文站年径流系列，以及区间年平均降水量（算术平均法计算）系列进行回归分析。

从检验结果看出，年径流相关系数为 0.9742，决定系数为 0.9489，校正的决定系数为 0.9457，表明相关关系显著，回归效果好。选定显著性水平 $\alpha = 0.05$，查 F 检验临界值表，$F_{2,35} = 3.28$，从检验结果看出，$F = 297.648$ 大于 F 临界值，检验结果概率 $P < 0.05$，通过 F 值检验，说明方程回归效果显著；查 t 分布临界值表，$t_{0.05}(35) = 1.690$，从 t 检验结果可以看出，舟曲站 $t = 17.271$，大于临界值，表明舟曲站年径流对武都站年径流的影响显著，线性回归拟合程度高。根据以上分析结果，武都站实测和拟合径流过程线见图 7.15，实测与拟合值误差评定成果见表 7.12，建立年径流模型：

$$R_{武} = 0.0871 \times R_{舟} + 0.0049 \times \overline{P}_{区} - 5.9958$$

式中：$R_{武}$ 为武都站年径流量，亿 m³；$R_{舟}$ 为舟曲站年径流量，亿 m³；$\overline{P}_{区}$ 为舟曲—武都区间年平均降水量，mm。

从表 7.12 计算结果来看，武都水文站年径流平均绝对误差 1.17 亿 m³，平均相对误差 2.9%。若以相对误差 $\delta < 20\%$ 算作合格，舟曲站与武都站年径流相关关系的拟合合格率达到 97.1%，表明该单元内梯级水电站建设前

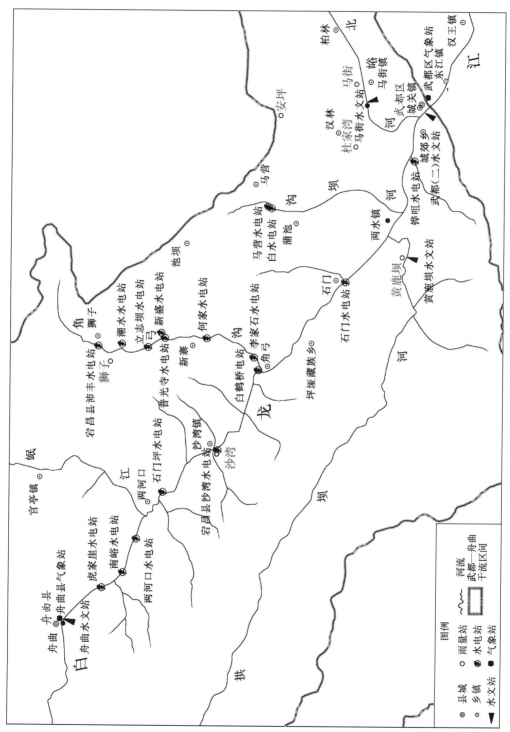

图 7.14 舟曲—武都水文站研究单元河流水系、气象水文监测站、梯级水电站分布图

舟曲与武都站年径流之间具有良好的相关关系，可以采用建立的模型用舟曲站年径流推算武都站年径流量。武都水文站实测和拟合径流过程线见图 7.15

表 7.12　　　　　　　武都站实测与拟合值误差评定成果表

年份	年径流量/亿 m³		绝对误差/亿 m³	相对误差/%	年份	年径流量/亿 m³		绝对误差/亿 m³	相对误差/%
	实测值	计算值				实测值	计算值		
1965	35.69	30.86	−4.8	−13.5	1983	46.70	48.04	1.34	2.9
1966	53.67	52.32	−1.3	−2.5	1984	60.70	58.27	−2.43	−4.0
1967	62.70	60.69	−2.0	−3.2	1985	49.20	48.47	−0.73	−1.5
1968	58.67	58.64	0.0	−0.1	1986	38.50	39.03	0.53	1.4
1969	31.47	32.54	1.1	3.4	1987	32.10	35.20	3.10	9.7
1970	41.94	42.88	0.9	2.2	1988	41.90	44.11	2.21	5.3
1971	33.46	34.49	1.0	3.1	1989	42.95	44.65	1.70	4.0
1972	33.91	33.76	−0.1	−0.4	1990	44.11	46.61	2.50	5.7
1973	44.18	47.69	3.5	7.9	1991	28.98	32.82	3.84	13.2
1974	38.31	38.08	−0.2	−0.6	1992	42.90	46.53	3.63	8.5
1975	45.38	48.35	3.0	6.6	1993	44.89	44.65	−0.24	−0.5
1976	48.70	50.08	1.4	2.8	1994	32.28	34.98	2.70	8.4
1977	35.10	35.06	0.0	−0.1	1995	30.79	36.44	5.65	18.4
1978	43.70	44.59	0.9	2.0	1996	28.07	30.84	2.77	9.9
1979	41.80	43.60	1.8	4.3	1997	23.93	26.91	2.98	12.5
1980	44.60	42.48	−2.1	−4.8	1998	32.91	40.02	7.11	21.6
1981	47.90	47.85	−0.1	−0.1	1999	35.82	39.45	3.63	10.1
1982	40.40	38.34	−2.1	−5.1	平均	41.09	42.27	1.17	2.9

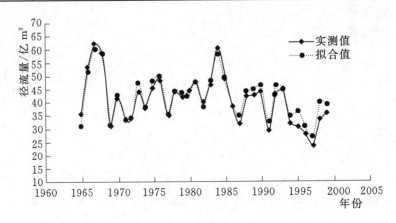

图 7.15　武都水文站实测和拟合径流过程线

2. 径流响应分析

运用建立的舟曲与武都站年径流模型推求梯级水电站建设后武都水文站年径流量系列，计算结果见表7.13，分析计算图见图7.16。将推求计算值与实测值进行对比分析，得出：梯级水电开发后，武都控制站较开发前的年平均径流量减少了16.5%，在2010年之前减少幅度较小，接近15%；2010—2015年减少幅度较大，接近20%。这说明白龙江流域舟曲—武都水文站区间研究单元径流量对梯级水电站建设有明显的响应，同时也与流域区间降水减少相一致。

表 7.13　　　　武都水文站径流实测值与推求计算值分析

年份	武都站年径流/亿 m^3		绝对误差/亿 m^3	相对误差/%
	实测值	计算值		
2000	30.42	34.88	4.5	14.7
2001	32.97	36.15	3.2	9.7
2002	22.88	28.95	6.1	26.5
2003	35.31	43.88	8.6	24.3
2004	25.36	29.23	3.9	15.3
2005	42.79	50.30	7.5	17.5
2006	29.77	32.81	3.0	10.2
2007	35.16	39.86	4.7	13.4
2008	33.26	35.00	1.7	5.2
2009	31.15	35.16	4.0	12.9
2010	32.80	39.30	6.5	19.8
2011	31.00	38.05	7.1	22.8
2012	49.96	55.36	5.4	10.8
2013	46.99	55.59	8.6	18.3
2014	40.05	50.85	10.8	27.0
2015	33.43	38.63	5.2	15.6
均值	34.58	40.25	5.7	16.5

7.2.4.2　径流年内分配的响应

1. 梯级水电站建设前（1999年以前）

依据白龙江流域舟曲—武都研究单元控制站1999年以前的月径流资料系列，统计控制站月径流量及占年径流的比例见表7.14和图7.17。

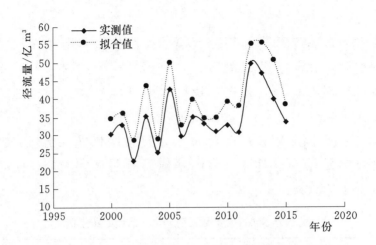

图 7.16 武都站径流实测值与模型推求计算值对比分析

表 7.14 水电站建设前控制站月径流特征

站名	项目	1月	2月	3月	4月	5月	6月	7月	8月	9月	10月	11月	12月
舟曲	径流量/亿 m³	0.83	0.67	0.74	1.12	2.33	2.87	3.55	3.18	3.49	2.93	1.56	1.05
	百分比/%	3.42	2.77	3.04	4.58	9.59	11.78	14.60	13.05	14.33	12.02	6.42	4.32
武都	径流量/亿 m³	1.47	1.19	1.34	2.06	4.12	4.65	5.77	5.07	5.57	4.97	2.76	1.84
	百分比/%	3.60	2.92	3.29	5.04	10.09	11.39	14.15	12.43	13.64	12.17	6.77	4.51

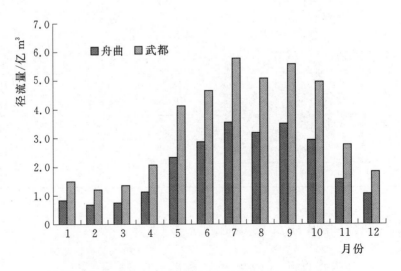

图 7.17 舟曲—武都研究单元梯级水电站建设前
控制站月径流量的分布

2. 梯级水电站建设后（2000—2015 年）

依据白龙江流域舟曲—武都研究单元控制站的 2000—2015 年月径流资料系列，统计控制站月径流量及占年径流的比例见表 7.15 和图 7.18。

表 7.15　　　　　　梯级水电站建设后控制站月径流特征

站名	项目	1月	2月	3月	4月	5月	6月	7月	8月	9月	10月	11月	12月
舟曲	径流量/亿 m³	0.91	0.74	0.82	1.05	1.95	2.40	3.06	2.82	3.08	2.87	1.59	1.15
	百分比/%	4.04	3.32	3.67	4.67	8.70	10.72	13.62	12.55	13.71	12.82	7.07	5.11
武都	径流量/亿 m³	1.32	1.05	1.18	1.75	3.31	3.73	4.60	4.30	4.58	4.53	2.56	1.64
	百分比/%	3.81	3.03	3.42	5.07	9.59	10.80	13.31	12.43	13.27	13.11	7.40	4.76

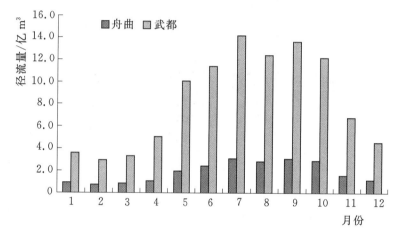

图 7.18　舟曲—武都研究单元梯级水电站建设后
控制站月径流量的分布

3. 前后对比分析

通过对白龙江流域舟曲—武都研究单元梯级水电站建设前后武都站多年平均年径流量年内分配对比分析，两站 1—3 月、10—12 月径流量占比增加，4—9 月除 8 月基本持平外，其余月份径流量占比减少，可见径流年内分配趋于均衡，见图 7.19。

7.2.4.3　径流季节性变化的响应

1. 梯级水电站建设前（1999 年以前）

白龙江干流舟曲、武都水文站汛期来水量占年来水量的 70% 以上，非

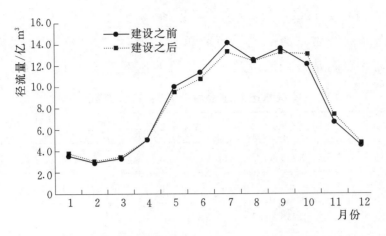

图 7.19　梯级水电站建设前后武都水文站月径流量的分布对比

汛期不到 30%，夏秋两季来水量相当（占全年水量的 30%～40%），冬季最少（约占年来水量的 10%），春季来水量不到年来水量的 20%，两站在各季径流量占比分配相差在 3% 以内，详见表 7.16、图 7.20 和图 7.21。

表 7.16　　　　梯级水电站建设前控制站径流季节分配统计成果表

站　名	非汛期、汛期及各季节径流量占全年比例/%					
	非汛期	汛期	春季	夏季	秋季	冬季
舟曲	30.50	69.50	25.14	40.21	21.63	13.02
武都	26.13	73.87	18.42	37.97	32.58	11.03
武都与舟曲相比	−4.37	4.37	−6.72	−2.25	10.95	−1.98

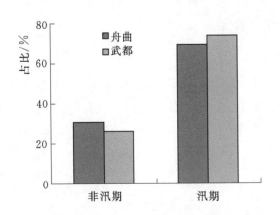

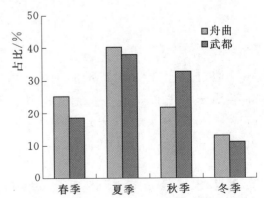

图 7.20　舟曲—武都研究单元控制水文站　　　图 7.21　舟曲—武都研究单元控制水文站
　　　汛期及非汛期来水量占比分析图　　　　　　　　径流量四季占比分析图

2. 梯级水电站建设后 (2000—2015 年)

白龙江干流舟曲、武都站汛期来水量占年来水量接近 70%，非汛期不到 30%，夏秋两季来水量相当（占全年水量的 30%～40%），冬季最少（约占年来水量的 10%），春季来水量不到年来水量的 20%，两站在各季径流量占比分配相差在 3% 以内，详见表 7.17、图 7.22 和图 7.23。

表 7.17   梯级水电站建设后控制站径流季节分配统计成果表

站 名	非汛期、汛期及各季节径流量占全年比例/%					
	非汛期	汛期	春季	夏季	秋季	冬季
舟曲	27.88	72.12	17.04	36.90	33.60	12.46
武都	27.49	72.51	18.08	36.54	33.78	11.60
武都与舟曲相比	−0.39	0.39	1.04	−0.35	0.18	−0.86

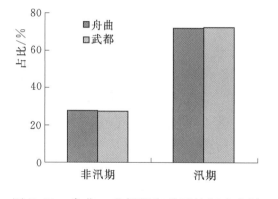

图 7.22　舟曲—武都研究单元控制水文站　　　图 7.23　舟曲—武都研究单元控制水文站
汛期及非汛期来水量占比分析图　　　　　径流量四季占比分析图

3. 梯级水电站建设前后对比分析

白龙江干流武都水文站在舟曲—武都研究单元梯级水电站建设后非汛期径流量增加 1.36%，汛期减少 1.36%；春夏两季减少 1.76%，秋冬两季增加 1.76%。武都水文站径流季节变化统计成果见表 7.18。

表 7.18   水电站建设前后武都水文站季节性径流分配分析表   %

项目	非汛期	汛期	春季	夏季	秋季	冬季
建设前	26.13	73.87	18.42	37.97	32.58	11.03
建设后	27.49	72.51	18.08	36.54	33.78	11.60
对比分析	1.36	−1.36	−0.34	−1.43	1.20	0.57

7.3　小结

（1）梯级水电站建设分界年确定。

白龙江流域内梯级水电站建设大致可分为三个阶段：1973年之前的建设停滞期、1973—2003年的建设平稳期、2003年以后的建设提速期。经分析确定1999年为梯级水电站建设前后分界年。

（2）年径流量响应。

以1999年为节点，舟曲站径流量模型计算值25.12亿 m^3，实测值22.55亿 m^3，绝对值减少2.6亿 m^3，相对值减少11.4％；武都站径流量模型计算值40.25亿 m^3，实测值34.58亿 m^3，绝对值减少5.7亿 m^3，相对值减少16.5％。因此，径流量减少对水电站建设具有明显的响应，且从上游至武都站径流量减少趋于显著，径流量的减少也与降水量的减少相关。

（3）时段径流量响应。

舟曲以上研究单元2010—2011年的两年间建成水电站达8座，装机容量22.27万kW，舟曲站2011—2015年径流量减少18.3％；武都控制站2010年之前减少幅度较小，接近15％，2010—2015年减少幅度较大，接近20％。因此，水电站时段建设规模较大的一段时间，径流量锐减；径流量的减少与水电站建设规模呈负相关关系。

（4）径流年内分配响应。

以1999年为节点，白云、舟曲、武都水文站实测径流量1999年之后（2000—2015年）实测径流量较之前（1965—1999年）1—3月、10—12月径流量占比增加，4—9月径流量占比减少。

（5）径流季节性变化响应。

以1999年为节点，白云、舟曲、武都水文站实测径流量1999年之后（2000—2015年）实测径流量较之前（1965—1999年），汛期径流量减少，非汛期径流量增加；春夏径流量减少，秋冬径流量增加；增加减少幅度沿舟曲站向上下游较少。减少幅度的变化与沿舟曲上下游水电装机容量有一定的对应关系。

第8章 径流对气候变化和人类活动的响应研究

近年来，随着经济社会的快速发展，人类活动不断加剧，加之在全球气候变化的背景下，与河流密切相关的降水等因素进一步发生变化，从而引起不同河流径流的变化。而引起径流发生变化的原因可分为气候变化和人类活动两个方面。气候变化主要包括降水、气温、蒸发等方面，而流域降水是地表产流的动力条件，其时空（包括时间、强度、历时等）分布对流域产流有直接影响。人类活动包括许多方面，而水土保持、雨水集蓄、土地利用等人类活动改变了流域下垫面，使产流机制发生了变化。对于正常的水文年份，如果不受外界的影响，每年的降水量虽然有丰枯变化，径流量会有所波动，但不会出现系统偏离；然而如果受到外界人类活动的影响，径流量就会发生明显的系统偏离，也由此来判断其是否受人类活动影响。本章以降水量作为气候变化的主要因素、水电开发作为人类活动的主要因素，量化气候变化和人类活动对径流的影响及其贡献大小，其结论可为河流健康修复、流域水土流失治理等提供一定的科学参考。

8.1 模型建立

以降水变化为主的气候变化和以水电开发为主的人类活动是导致流域水量变化的直接原因。为了消除气候变化即降水的影响，令

$$E = R/P$$

式中：E 为径流系数（或产水系数）；R 为径流深；P 为降水量。

径流系数表明降水中有多少变成了径流，它反映的主要是流域内下垫面因素对降水径流关系的影响。

径流深可以用径流系数和降水量的乘积表示，即

$$R = EP$$

为了量化气候变化和人类活动对径流的影响，分别从两种角度出发，进行推导、演算。

8.1.1 模型一

根据突变分析可得到基准期，基准期内径流未经人类活动影响。令基准期平均径流深为 R_1、降水量 P_1、径流系数 E_1，各时段的平均径流深为 R_2、降水量 P_2 及径流系数 E_2。对径流深 $R = EP$ 取全微分，并以差分形式表示：

$$\Delta R = R_1 - R_2 = \frac{P_1 - P_2}{2}(E_1 - E_2) + \frac{E_1 - E_2}{2}(P_1 - P_2) = \overline{P} \cdot \Delta E + \overline{E} \cdot \Delta P$$

若降水量 P 不变，则基准期与各时段的径流量差值 $\Delta R = \overline{P} \cdot \Delta E$ 计为人类活动对径流变化的影响。若径流系数 E 不变，则基准期与各时段的径流量差值 $\Delta R = \overline{E} \cdot \Delta P$ 计为气候变化对径流变化的影响。

取白云水文站径流、降水资料，根据模型一计算公式进行演算（表8.1）。由表8.1可知，除2000年以来气候变化对径流影响较为显著外，自20世纪60年代以来的各年代均表现为人类活动对径流影响持续增长，说明白云水文站以上流域径流变化主要受人类活动影响。

表8.1　白云水文站气候变化和人类活动对径流影响分析计算成果表

时　　段	E	ΔP	ΔE	$\overline{P} \cdot \Delta E$	$\overline{E} \cdot \Delta P$	$\overline{P} \cdot \Delta E$ 贡献率/%	$\overline{E} \cdot \Delta P$ 贡献率/%
1961—1970年	0.508	102.03	0.057	37.2	51.9	42	58
1971—1980年	0.452	−89.15	−0.056	31.8	40.3	44	56
1981—1990年	0.487	20.41	0.035	20.6	9.9	67	33
1991—2000年	0.410	−33.52	−0.077	42.7	13.8	76	24
2001—2010年	0.407	−9.71	−0.003	1.7	4.0	30	70
2011—2020年	0.409	−1.65	0.002	1.0	0.7	59	41
年平均	0.452						

8.1.2 模型二

已知径流系数和降水量的乘积表示径流深，同理可用径流系数和降水量的乘积的变量表示径流深的变化，即

$$\Delta R = \Delta(E \cdot P) = E_n \cdot P_n - E_0 \cdot P_0$$
$$= (E_0 + \Delta E)(P_0 + \Delta P) - E_0 \cdot P_0$$
$$= E_0 \cdot \Delta P + \Delta E \cdot P_0 + \Delta E \cdot \Delta P$$

式中：ΔR 为径流变化量；ΔP 为降水变化量；ΔE 为径流系数变化量；P_0 为多年平均降水量；E_0 为多年平均径流系数。

若径流系数 E 不变，则 $\Delta R = E_0 \cdot \Delta P$，表示气候变化对径流变化的影响。同理，若降水量 P 不变，则 $\Delta P = 0$，由此得到 $\Delta R = \Delta E \cdot P_0$，表示人类活动对径流变化的影响。

取白云水文站径流、降水资料，根据模型二计算公式进行演算（表 8.2）。由表 8.2 可知，除 20 世纪 70 年代白云水文站以上流域径流主要受气候影响外，其余各年代径流显著表现为受人类活动影响，且自 20 世纪 80 年代以来人类活动影响逐渐减小，趋于稳定，但持续保持在 60% 以上。这说明近 30 年来，人类活动影响对白云水文站以上流域径流持续显著影响。

表 8.2　白云水文站气候变化和人类活动对径流影响分析计算成果表

时　　段	E	ΔP	ΔE	$\Delta E \cdot P_0$	$E_0 \cdot \Delta P$	$\Delta E \cdot P_0$ 贡献率/%	$E_0 \cdot \Delta P$ 贡献率/%
1961—1970 年	0.508	80.0	0.057	32.7	36.1	47	53
1971—1980 年	0.452	−9.2	0.001	0.4	4.1	9	91
1981—1990 年	0.487	11.3	0.036	20.6	5.1	80	20
1991—2000 年	0.410	−22.3	−0.041	23.8	10.1	70	30
2001—2010 年	0.407	−32.0	−0.044	25.6	14.4	64	36
2011—2020 年	0.409	−33.6	−0.043	24.5	15.2	62	38
年平均	0.452						

可见，两种推导方法，最终人类活动和降水对径流变化贡献率可以表示为

$$\frac{\overline{P} \cdot \Delta E}{\overline{P} \cdot \Delta E + \overline{E} \cdot \Delta P} \cdot 100\% \text{、} \frac{\overline{E} \cdot \Delta P}{\overline{P} \cdot \Delta E + \overline{E} \cdot \Delta P} \cdot 100\%$$

或者
$$\frac{\Delta E \cdot P_0}{\Delta R} \cdot 100\% \text{、} \frac{E_0 \cdot \Delta P}{\Delta R} \cdot 100\%$$

式中：ΔR 为径流变化量；ΔP 为降水变化量；ΔE 为径流系数变化量；P_0 为多年平均降水量；E_0 为多年平均径流系数。

其计算值若为正，表明对径流的影响为减少的贡献，若值为负，表明对径流的影响为增加的贡献。

实际计算过程中，部分年代两种模型的计算方法结果可能会出现趋势变化不一致的情况，此时可结合流域水利工程建设情况和极端气候事件，参考资料系列突变分析成果，进一步分析确定径流受人类活动和气候变化的影响程度。

8.2 模型分析

根据 8.1 节两种模型的计算方法，分别计算白龙江白云以上区间、白云—舟曲段、岷江小流域、拱坝河小流域、舟曲—武都段、白水江小流域、武都—碧口段径流受人类活动和气候变化的影响大小（表 8.3）。

表 8.3 白龙江流域气候变化和人类活动对径流影响分析计算成果表

流域	代表水文站	时段	模型一		模型二		突变年份	确定方案	径流影响主导因素
			人类活动贡献率/%	气候变化贡献率/%	人类活动贡献率/%	气候变化贡献率/%			
白云以上	白云	1961—1970 年	42	58	47	53		模型二	气候变化
		1971—1980 年	44	56	9	91			气候变化
		1981—1990 年	67	33	80	20	1985		人类活动
		1991—2000 年	76	24	70	30			人类活动
		2001—2010 年	30	70	64	36			人类活动
		2011—2020 年	59	41	62	38			人类活动
白云—舟曲	舟曲	1961—1970 年	5	95	0	100		模型一	气候变化
		1971—1980 年	64	36	49	51			气候变化
		1981—1990 年	90	10	26	74	1985		人类活动
		1991—2000 年	20	80	20	80			气候变化
		2001—2010 年	17	83	20	80			气候变化
		2011—2020 年	59	41	77	23			人类活动
岷江	宕昌	1961—1970 年	0	100	28	72		模型一	气候变化
		1971—1980 年	0	100	72	28			气候变化
		1981—1990 年	32	68	61	39	1984		气候变化
		1991—2000 年	74	26	58	42			人类活动
		2001—2010 年	66	34	62	38			人类活动
		2011—2020 年	57	43	86	14			人类活动

流域	代表水文站	时段	模型一		模型二		突变年份	确定方案	径流影响主导因素
			人类活动贡献率/%	气候变化贡献率/%	人类活动贡献率/%	气候变化贡献率/%			
拱坝河	黄鹿坝	1961—1970年	0	100	0	100		模型二	气候变化
		1971—1980年	0	100	0	100			气候变化
		1981—1990年	95	5	99	1			人类活动
		1991—2000年	73	27	20	80	1993		气候变化
		2001—2010年	99	1	64	36			人类活动
		2011—2020年	34	66	132	−32			人类活动
舟曲—武都	武都	1961—1970年	91	9	81	19		模型二	人类活动
		1971—1980年	66	34	73	27			人类活动
		1981—1990年	20	80	17	83	1985		气候变化
		1991—2000年	44	56	60	40			人类活动
		2001—2010年	3	97	53	47			人类活动
		2011—2020年	45	55	33	67			气候变化
白水江	文县	1961—1970年	0	100	39	61		模型一	气候变化
		1971—1980年	0	100	37	63			气候变化
		1981—1990年	0	100	26	74			气候变化
		1991—2000年	39	61	59	41	1994		气候变化
		2001—2010年	52	48	56	44			人类活动
		2011—2020年	41	59	74	26			气候变化
武都—碧口	碧口	1961—1970年	99	1	45	55		模型一	人类活动
		1971—1980年	20	80	74	26			气候变化
		1981—1990年	76	24	78	22			人类活动
		1991—2000年	93	7	38	62	1994		人类活动
		2001—2010年	82	18	85	15			人类活动
		2011—2020年	13	87	64	36			气候变化

由表8.3可知,白龙江白云水文站以上区间、白云—舟曲段、岷江小流域的径流自20世纪80年代以来主要受人类活动影响,也可以看出20世纪70年代以前人类对这一区域开发利用程度不高,径流产生主要以降水等气候因子为主。

拱坝河小流域的径流变化理论上应该与前述三个研究区域一致，主要以人类活动影响为主；但 20 世纪 90 年代资料系列发生突变，径流产生主要受气候变化影响，说明这段时间发生了极端气候事件，从而导致径流结果的变化。

舟曲—武都段的径流变化说明早在 20 世纪 60 年代人类活动就深刻影响着这个区域，80 年代资料系列发生突变，说明这段时间极有可能发生了极端气候事件，2010 年舟曲特大泥石流灾害的发生导致径流结果发生了相应的变化。

白水江小流域的径流变化说明该流域生态保护较好，较少受到人类活动影响，2000 年以来受水电开发等水利工程影响径流发生了变化。

武都—碧口段的径流变化，说明人类活动深刻地影响着以碧口为中心的区域，同时该区域径流变化受白水江小流域和舟曲—武都段影响较为显著，有同步变化趋势。

进一步分析全流域径流受人类活动和气候变化的影响大小，分析成果见表 8.4。由表 8.4 可知，白龙江流域在 20 世纪 70 年代以前受人类活动影响较小，从 80 年代开始人类活动加剧，对径流产生深刻影响；自 2010 年以来，径流变化开始受气候变化影响，但目前尚未有足够证据说明 2010 年以来径流的变化主要是由气候变化导致的，有待系列资料进一步积累、分析。

表 8.4　白龙江流域气候变化和人类活动对径流综合影响分析成果

时　段	人类活动贡献率/%	气候变化贡献率/%	径流影响主导因素
1961—1970 年	0.33	0.67	气候变化
1971—1980 年	0.24	0.76	气候变化
1981—1990 年	0.56	0.44	人类活动
1991—2000 年	0.54	0.46	人类活动
2001—2010 年	0.57	0.43	人类活动
2011—2020 年	0.49	0.51	气候变化

8.3　小结

为了量化气候变化和人类活动对径流的影响及贡献大小，引入径流系数建立流域模型，来反映气候因子（降水）和人类活动（下垫面条件）分别对径流的影响大小。根据突变分析可得到基准期。基准期内径流未经人类活动影响，分别从两种角度出发建立模型，进行演算推导。得到结论如下：

（1）白龙江白云水文站以上区间、白云—舟曲段、岷江小流域的径流自 20 世纪 80 年代以来主要受人类活动影响，也可以看出 20 世纪 70 年代以前人类对这一区域开发利用程度不高，径流产生主要以降水等气候因子为主。

（2）拱坝河小流域的径流理论上应该与前述三个地区一致，主要以人类活动影响为主，但 20 世纪 90 年代资料系列发生突变，径流以气候变化为主，说明这段时间发生了极端气候事件，从而导致径流结果的变化。

（3）舟曲—武都段的径流变化说明早在 20 世纪 60 年代人类活动就深刻影响着这个区域；80 年代资料系列发生突变，说明这段时间可能发生了极端气候事件；2010 年舟曲特大山洪泥石流灾害的发生导致径流结果发生了相应的变化。

（4）白水江小流域的径流变化说明该流域生态保护较好，较少受到人类活动影响，2000 年以来受水电开发等水利工程影响，径流发生了变化。

（5）武都—碧口段的径流变化说明人类活动深刻影响了以碧口为中心的区域，同时该区域径流变化受白水江小流域和舟曲—武都段影响较为显著，有同步变化趋势。

（6）白龙江流域气候变化和人类活动对径流综合影响表现为 20 世纪 60—70 年代以气候变化影响为主导因素，比重占 70%；20 世纪 80 年代至 21 世纪前 10 年以人类活动影响为主导因素，比重占约 55%；2010 年及以后气候变化和人类活动对径流影响程度相当，气候变化影响略大，比重占 51%。

第9章 其他研究方法探析

9.1 气象水文要素变率法

为了能够把径流与降水、气温、蒸发多年变化过程进行对比分析，并且能够把逐年径流量、降水量、气温、蒸发量这些不同类别、不同量级、不同计量单位的气象水文要素同时直观地表现在同一张图中，引入气象水文要素变率理论进一步分析。下面以年径流变率为例进行说明，年径流变率是将年径流系列转换成与多年平均流量（径流量）的比值，应用径流变率和年份组成的径流变率系列，分析径流的年际变化过程。年径流变率计算公式如下：

$$K_i = Q_i/Q \text{ 或 } K_i = W_i/W \tag{9.1}$$

式中：K_i 为径流变率；Q_i 为某一年年平均流量，m^3/s；W_i 为某一年径流量，亿 m^3；Q 为多年平均流量或径流量，m^3/s；W 为多年平均径流量，亿 m^3。

按照以上理论分别计算出白龙江流域舟曲以上、舟曲—武都、武都—碧口各区间的径流、降水、气温、蒸发的变率，并绘制变率随年份变化图，见图9.1～图9.3。从图中可以看出降水同径流量变化趋势基本一致，线形

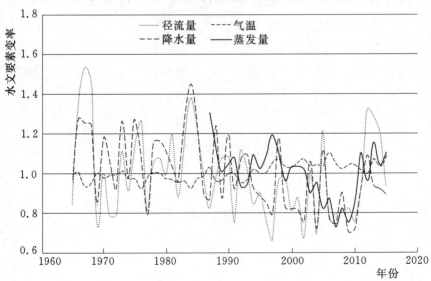

图 9.1 白龙江流域舟曲水文站以上历年气象水文要素变率变化过程线图

大部分呈相同趋势或形状，从而可以认为降水量的变化是径流变化的主要因素，且具有一致性。蒸发量同降水量变化趋势具有一致性，是由于蒸发量受气温和降水共同影响，但一致性较差。气温呈递增趋势，同降水量和径流量相反。

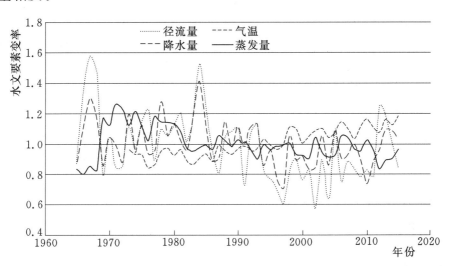

9.2 白龙江流域舟曲—武都水文站区间历年气象水文要素变率变化过程线图

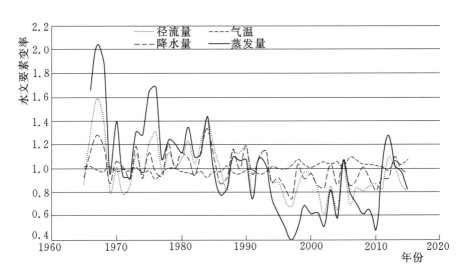

9.3 白龙江流域武都—碧口水文站区间历年气象水文要素变率变化过程线图

9.2 降雨径流双累积曲线法

双累积曲线是用来检验两个变量一致性关系及两者变化情况常用的方

法。双累积曲线法就是一种关系曲线，即将相同时间范围内两个变量的连续累积值画在直角坐标系中所构成的关系曲线，根据关系曲线上的拐点可判断变量是否存在间断性变化。双累积曲线常用于水文气象要素之间缺值的插补、资料校正、一致性检验，以及变化趋势及其强度的分析。

将白龙江流域内的岷江、拱坝河、白水江 3 个典型小流域和白龙江流域舟曲以上、舟曲—武都、武都—碧口 3 个区间自设站以来至 2015 年的降水量和径流深逐年累计，然后以降水量作为横坐标、径流深作为纵坐标，绘制降水-径流深双累积曲线（图 9.4）。从图中可以看出降水和径流深之间随着时间变化具有一致性，线性关系良好；也可以得出拱坝河整个流域降水和径流相关强度最强，其斜率为 0.81，岷江最小，斜率为 0.44，白龙江流域斜率为 0.55。相关强度反映了降水与径流之间的转换强度。

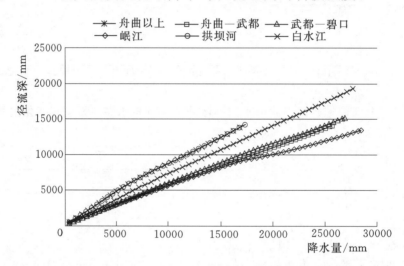

图 9.4 白龙江典型小流域和区间降水量-径流深双累积曲线图

9.3 径流系数法

径流系数主要受气候、集水区的地形、流域特性等的影响，可分为多年平均径流系数、年平均径流系数和洪水径流系数等，径流系数综合反映流域内降水-径流的关系。白龙江干流区间和典型小流域平均径流系数统计见表 9.1，可知白龙江流域径流系数为 0.53～0.84，上游和下游较大，中间稍小，拱坝河径流系数较大，但其稳定性稍低，岷江的稳定性最低，而主流和其他支流的径流系数稳定性都比较高。

表 9.1　　白龙江干流区间和典型小流域平均径流系数统计表

典型小流域 （区间）名称	舟曲以上 区间	舟曲—武都 区间	武都—碧口 区间	岷江 小流域	拱坝河 小流域	白水江 小流域
径流系数	0.56	0.53	0.56	0.45	0.84	0.69
方差	0.0060	0.0062	0.0055	0.0170	0.0133	0.0080

第10章 结论与展望

10.1 结论

(1) 白龙江流域气温呈现持续性升高的趋势变化。

依据流域内气象站、水文站气温实测资料分析，近60年来白龙江流域气温年内分布稳定，年内最高气温与最低气温分别出现在7月与1月，11月至次年3月气温为冷季，4—10月气温为暖季。

近60年来白龙江流域年平均气温整体上升趋势显著。流域上游气温年际变化率为0.46℃/10a，中游气温年际变化率为0.15℃/10a，下游气温年际变化率为0.16℃/10a，整个流域1992年以前气温稳定波动，1993年以后气温急剧升高，并在1996年前后发生暖突变，突变后升温速率进一步加快。年代变化分析成果：20世纪60年代平均气温最低，70年代和80年代基本相当且增温缓慢，90年代以后气温快速升高，21世纪以来升温速率进一步加快。流域内上、中、下游各季节平均气温均显著升高，其中升温速率最快的是冬季，上、中、下游分别为0.48℃/10a、0.21℃/10a、0.16℃/10a的年际变化率上升；其次是秋季，上、中、下游分别为0.45℃/10a、0.20℃/10a、0.23℃/10a的年际变化率上升，夏季上、中、下游分别为0.41℃/10a、0.12℃/10a、0.12℃/10a，春季上、中、下游分别为0.40℃/10a、0.09℃/10a和0.13℃/10a。未来一定时段内年平均气温与四季平均气温均持续上升的概率很大。

(2) 白龙江流域降水呈现弱减少/减少趋势性变化。

白龙江流域降水量年内变化特征表现为不均匀，降水量主要集中在主汛期5—9月，约占全年降水量的77.9%；流域内降水量年内分配格局基本稳定。春季降水量总体有略微减小趋势，年际变化率为－0.5mm/10a；夏季降水量总体呈上升趋势，年际变化率为＋1.4mm/10a；秋季降水量总体有减小趋势，年际变化率为－4.8mm/10a；冬季降水量20世纪60—70年代为减少，之后到90年代显著增多，21世纪前10年为明显变少的情况。

从降水量观测资料系列超过 30 年的长系列资料分析，流域内降水量呈现逐年缓慢下降的趋势，上游白云水文站多年降水量变化倾斜率 −0.98mm/a，中游武都水文站多年降水量变化倾斜率 −1.26mm/a，下游碧口水文站多年降水量变化倾斜率 −1.37mm/a，其年平均减少量分别占到多年平均降水量的 0.18%、0.28%、0.17%。

流域面上降水量变化表现为从上游白云往下游舟曲降水量逐步减少，从舟曲再往下游碧口降水量呈现逐步增大的趋势。

白龙江流域舟曲—武都区间降水量自 1993 年以来明显减少，1993—2015 年区间多年平均降水量 402.1mm，比建站至 2015 年区间多年平均降水量 442.4mm 减少 40.3mm，比建站至 1992 年区间多年平均降水量 475mm 减少 72.9mm。2010—2015 年区间多年平均降水量 420.2mm，比建站至 2015 年区间多年平均降水量 442.4mm 减少 22.2mm，比建站至 1992 年区间多年平均降水量 475mm 减少 54.8mm。

（3）白龙江流域蒸发量表现出增大/减少交替变化。

全年蒸发量主要集中在 4—8 月，约占全年蒸发量的 62%。蒸发量最大月份一般出现在 7 月，蒸发量最小月份一般出现在 12 月。

白云、碧口、黄鹿坝、马街 4 个水文站蒸发量表现为逐年减少的趋势，趋势变化倾斜率分别为 −5.1612、−6.445、−7.573、−2.604；舟曲、宕昌、文县 3 个水文站蒸发量表现为逐年增大的趋势，趋势变化倾斜率分别为 4.514、2.777、4.987。

从观测系列最长的碧口站历年（1959—2015 年）蒸发量资料看，1988 年开始年蒸发量明显减少，1959—1987 年多年平均年蒸发量 1240.3mm，1988—2015 年多年平均年蒸发量 995.1mm。

（4）径流呈现强减少趋势性变化。

径流年内变化，表现为多年最大月平均流量出现在 9 月，占全年径流量的 14.2%，6—9 月多年平均流量占全年径流量比例达到了一半左右，为 51.2%。

白龙江干流多年径流量变化趋势呈现出逐渐减少的趋势，上游白云和舟曲水文站逐年径流减少幅度比下游武都和碧口水文站小，四站变化趋势方程的斜率依次为 −0.034、−0.065、−0.218、−0.490。主要支流岷江、拱坝河、北峪河、让水河、白水江多年径流量变化趋势呈现出逐渐缓慢减少的趋势，其变化趋势方程的斜率依次为 −0.058、−0.057、−0.003、

—0.004、—0.077。

白龙江干流年径流量的分时段变化规律是，1956—2000 年时段平均年径流量均大于多年（1956—2015 年）平均年径流量，2001—2015 年时段平均年径流量均小于多年（1956—2015 年）平均年径流量。

通过白龙江干流各站径流变化趋势方程和加法模型预测，白云水文站 2020 年、2025 年年径流量分别为 4.09 亿 m^3、4.65 亿 m^3，舟曲水文站 2020 年、2025 年年径流量分别为 20.80 亿 m^3、28.50 亿 m^3，武都水文站 2020 年、2025 年年径流量分别为 40.60 亿 m^3、43.60 亿 m^3，碧口水文站 2020 年、2025 年年径流量分别为 62.20 亿 m^3、65.30 亿 m^3。

（5）21 世纪以来流域内梯级水电站开发成为人类活动影响的主要因素。

人类活动对径流的影响主要体现在以下几个方面：

第一个方面是在人类活动影响下的地表覆盖类型的改变。对于白龙江流域而言，在径流突变点 1993 年前后，流域植被有较大的变化，1990 年前，在白龙江流域内连年砍伐森林向国家提供优质林木，森林资源显著减少。1998 年，国家启动"长江上游黄河上中游地区天然林资源保护工程"试点工作，白龙江流域停止采伐天然林。到 2000 年 10 月，天然林保护工程实施方案获得国务院正式批准，天然林保护工程的实施改变了白龙江流域下垫面条件，使得白龙江流域森林资源快速恢复，更多的降水被截留和入渗，径流系数相对减小。

第二个方面表现在人们生产生活中直接从河道内引用水量对径流量变化的影响。随着经济社会的发展，城镇生活、工业用水户等逐步增加，生产生活用水量随之增多，引水蓄水工程的修建可能导致河道取水量增加，从而使得水文站观测到的径流量有减少的可能。白龙江流域植被覆盖相对较好，土地资源开发利用有限，据《甘肃省水资源公报》资料，流域内工程年引用水量不超过 2 亿 m^3，河道内引用水量对白龙江径流的影响相对稳定。

第三个方面是白龙江流域水能资源丰富，自 2003 年开始流域内梯级水电站建设进入提速期，大部分水电站截流、蓄水发电，截流破坏了天然降雨径流中的产汇流规律，蓄水增大了水面面积，增加了水面蒸发和下渗损失，也是白龙江径流减少的直接原因。

径流量的减少与流域内人类活动中梯级水电站建设规模呈显著负相关关系。舟曲水文站 2011—2015 年径流量减少 18.3%；武都站 2010—2015

年减少幅度较大，接近 20％。以 1999 年为节点，舟曲站径流量模型计算值
25.12 亿 m³，实测值 22.55 亿 m³，绝对值减少 2.6 亿 m³，相对值减少
11.4％；武都站径流量模型计算值 40.25 亿 m³，实测值 34.58 亿 m³，绝对
值减少 5.7 亿 m³，相对值减少 16.5％。因此，径流量减少对水电站建设具
有明显的响应，且从上游至武都站径流量减少趋于显著。

（6）气候变化与人类活动对径流影响的主导作用交替出现。

通过引入径流系数建立流域水文模型，来量化反映气候因子（降水）
和人类活动（下垫面条件）对径流的影响大小。白龙江整个流域气候变化
和人类活动对径流综合影响表现为 20 世纪 60—70 年代以气候变化影响为主
导因素，比重约占 70％；80—90 年代以人类活动影响为主导因素，比重约
占 55％；21 世纪以后气候变化和人类活动对径流影响程度相当，气候变化
影响略大，比重约占 51％。

10.2　展望

本书在充分借鉴最新研究成果、技术方法和现状气象水文要素演变规
律的基础上，采用了适应北方区域气候特点的水文研究方法，以具有代表
性的小流域建立了不同的流域水文模型，并将气候要素中的气温要素引入
水文模型中建立流域水文模型，对典型小流域的降水径流关系进行了系统
的分析研究，得出了适合典型小流域的流域气候水文模型，分析研究了典
型小流域降水、气温对径流的影响。

同时，将典型小流域的流域水文模型和流域气候水文模型应用于白龙
江流域，分析研究了白龙江流域降水、气温对径流的影响程度，取得比较
理想的结果。与此同时，分析研究白龙江流域人类活动对径流影响的"梯
级水电开发"因子与近年来流域径流量急剧减少趋势和径流年内分配变化
之间的关系，以流域"梯级水电开发" 1999 年为分界，分白龙江流域舟曲
水文站控制断面以上区域、舟曲—武都水文站区间这两个研究单元，建立
白云水文站年径流量-区间降水量-舟曲水文站年径流量模型、舟曲水文站年
径流量-区间降水量-武都水文站年径流量模型，得出各研究单元"梯级水电
开发"对径流量的影响及程度。

在过去几年间，气候变化研究已取得了一系列的新进展。但是，很多关
于气候变化的科学问题还没有解决，如中世纪温暖期的增暖幅度与地区差

异以及现代气候变暖的历史地位，水循环加剧问题，极端气候事件的强度与频率是否使气候突变事件提前到来从而导致干冷气候、全球变暗现象，是否真正具有全球性，到达地面的太阳辐射到底减少了多少未来温度上升，等等。

对我国水文气象学科的研究者和决策者而言，如何更好地理解季风区气候变化对全球变化的响应及其联系，如何更好地预估未来气候变化，如何应对气候变化，减缓气候变化对我国经济和社会发展的不利影响，制定和实施应对气候变化的国家战略已经成为一项紧迫的任务。定量分析研究气候变化和人类活动对径流的影响，在为政府部门提供决策信息和智力支持等方面发挥重要作用。

但是，人类活动对水文过程这种重要的陆表过程的影响研究仍然面临诸多挑战和难点，本课题所建立的几个关键核心方法虽然取得了很好的效果，但是仍有待于未来进一步深入研究和完善。

气候的暖干化将影响到区域的经济发展、生态与环境等诸多方面。首先是水资源，干旱化趋势引起地表径流减少，将进一步影响区域的水资源配置与工农业生产。其次，气候变暖使该区生态环境发生变化，使洪涝灾害发生的概率及强度均增大，自然灾害发生的可能性进一步增加。本研究报告仅分析气候要素和梯级水电开发对径流变化的影响，下一步可继续研究白龙江流域气候变化与洪水发生的关系，同时，可补充分析人类活动中引水、土地利用/覆被变化对流域径流的综合影响。太阳黑子与循环作为一种大尺度气候现象，主要通过海、气相互作用对区域径流产生影响，而这种海、气作用过程受多种因素控制，对其作用机制的研究比较困难，因此可尝试建立水文模型，以便进一步探索两者对径流的影响机制。

参 考 文 献

［1］ 甘肃省水利水电勘测设计研究院.甘肃省白龙江引水工程规划［R］，2013.

［2］ 牛最荣，安东.60年来黑河流域东部子水系中上游气温、降水、蒸发变化特征分析［J］.水文，2013，33（6）：85-89.

［3］ 崔亮，陈学林，郭西峰.60年来黑河流域东部子水系中上游径流量、输沙量变化特征分析［J］.水文，2015，35（1）：82-87.

［4］ 本书编委会.中国河湖大典　黄河卷［M］.北京：中国水利水电出版社，2014.

［5］ 中国河湖大典　西南诸河卷［M］.北京：中国水利水电出版社，2014.

［6］ 甘肃省水利厅.甘肃省水资源公报（2008—2015年）.

［7］ 胡兴林，杜克胜.干旱半干旱地区实用水文模拟技术［R］，2004.

［8］ 牛最荣，赵文智，刘进琪，等.甘肃渭河流域气温、降水和径流变化特征及趋势研究［J］.水文，2012，32（2）：78-83.

［9］ 甘肃省水文水资源局.引洮供水工程对受水区地下水补给与河川径流的影响研究［R］，2010.

［10］ 牛最荣，陈学林，王学良.白龙江干流代表站径流变化特征及未来趋势预测［J］.水文，2015，35（6）：91-96.

［11］ 陈学林，王学良，景宏.60年来白龙江流域气温、降水、蒸发、输沙率变化特征分析［J］.水利规划与设计，2017（1）：39-42.

［12］ 甘肃省水文水资源局.洮河水电梯级开发的水文效应研究［R］，2010.

［13］ 黄维东，牛最荣，马正耀，等.大通河流域水能水资源开发对河流水文过程和环境的影响［J］.冰川冻土，2013，35（6）：1573-1581.

［14］ 秦年秀，姜彤，许崇育.长江流域径流趋势变化及突变分析［J］.长江流域资源与环境，2005（5）：589-594.

［15］ 王雁，丁永建，叶柏生，等.黄河与长江流域水资源变化原因［J］.中国科学：地球科学，2013，43（7）：1207-1219.

［16］ 鞠琴，郝振纯，余钟波，PCCAR4气候情景下长江流域径流预测［J］.水利学进展，2011，22（4）：462-469.

［17］ 甘肃省水文水资源局.大通河流域水能水资源开发对水生态环境的影响［R］，2013.

［18］ 黄维东，牛最荣，王毓森.梯级水电开发对流域洪水过程的影响分析［J］.水文，2016，36（4）：58-65.

［19］ 甘肃省水文水资源局.白龙江引水工程对区域水资源影响研究［R］，2014.

［20］ 张晓晓.白龙江中上游水文气象要素变化特征分析及径流影响因素研究［D］.兰州：兰州大学，2014.

［21］ 甘肃省水文水资源局.甘肃省河流泥沙分布及其演变规律研究［R］，2015.

［22］ 张晓晓，张钰，徐浩杰．白龙江上游径流变化特征及其对降水和人类活动的响应［J］．水土保持通报，2015，35（2）：14-19.

［23］ 王毓森，黄维东．基于变异诊断分析的大通河流量预报模型研究［J］．人民黄河，2016，38（2）：19-23.

［24］ 王毓森，黄维东，崔亮，等．黑河流域东部子水系近60年来泥沙演变规律分析［J］．甘肃水利水电技术，2016，52（1）：5-8.

［25］ 王毓森．水文时间序列趋势与突变分析系统开发与应用［J］．甘肃科技，2016，32（9）.

［26］ 董哲仁．水利工程对生态系统的胁迫［J］．水利水电技术，2003，34（7）：1-5.

［27］ 矫勇．认真总结科学分析切实做好"十一五"水利规划工程［J］．中国水利，2006（4）：1-7.

［28］ 刘晓燕．河流健康理念的若干科学问题［J］．人民黄河，2008，30（10）：1-3.